程明月◎著

绿色转型

社会主义生态文明观研究

上海人民出版社

2021年度教育部哲学社会科学研究重大课题攻关项目

"习近平总书记关于坚持系统观念的重要论述"（21JZD003）阶段性成果

引　言

　　自然生态环境是人类肉体和情感记忆的栖身之处，人类的出现也使自然具有敞开自身澄明之境的潜质，人与自然之间理应呈现共生、共存、共在、共荣的和谐关系。自工业革命以来，生产力的迅猛发展一方面不断为人类造就出文明景观，另一方面其具有的毁坏物质环境破坏力将人类文明推向"火山口"。随着全球化进程中各国生产、交往关系日趋紧密，环境问题从一国一隅之事上升为关乎人类生存和发展的世界性议题。西方学者不断提出不同类型的环境救助方案，但由于未触动生态文明的资本主义制度根基而无济于事，因此，构建一种有助于增益人类生态福祉、开显生态文明新形态、以绿色转型为目标的社会主义生态文明观显得尤为重要。

　　以绿色转型为目标的社会主义生态文明观，它的形成具有深厚的理论逻辑、历史逻辑与现实逻辑。从理论逻辑看，其继承性发展马克思自然观的生态意蕴、创造性转换中华传统生态文化并批判性超越西方自然观。从历史逻辑看，作为马克思主义理论与中国生态建设实践相结合、与中华优秀传统生态文化相结合的产物，以绿色转型为目标的社会主义生态文明观的形成史正是一部中国共产党人探索生产发展与环境保护的发展史。中国特色社

1

会主义进入新时代以来，习近平生态文明思想的形成将社会主义生态文明观推向新高度，并标识着社会主义生态文明观形成成熟和自觉的理论形态。从现实逻辑看，社会主义生态文明观始终致力于解决人民群众关切的生态问题。"发展难题"是中国进入高质量发展阶段、实现人与自然和谐共生现代化目标过程中必然遇到的问题，生态需要作为美好生活需要的具体体现，其满足建立在物质财富和精神财富的极大丰富基础之上，因此该阶段的生态问题实则是发展问题。基于此，以绿色转型为目标的社会主义生态文明观视域中的生态问题，不仅是一个涉及生产力发展的经济问题，也是一个涉及马克思主义政党治国理政的政治问题，还是一个涉及人与自然的关系范式变化的哲学问题，更是一个涉及主体需要满足的人的自由而全面的发展的发展问题。

社会主义生态文明观是涵盖生态自然观、生态社会观、生态政治观和生态全球观的一个完整的理论体系，所涉及的对生态问题的科学阐明与价值规定，无不彰显着唯物史观具有的时代穿透力。然而生态文明观的理论构想并不等同于生态建设实践的完满，并且我们不能仅做一种观念上的乌托邦式的设想，而必须直面贯彻以绿色转型为目标的社会主义生态文明观面对的现实难题。

首先是社会主义生态文明观引领下的生产方式绿色转型。生产方式作为生产力与生产关系的统一体，内在地包含人与自然的关系以及人与人的关系的双重维度，因而推动生产方式的绿色转型也应包括以上两个维度。从实践中的生态问题来看，仅仅通过技术改善人与自然之间的物质循环，而不触及生产关系层面显然是于事无补的。社会主义生态文明观作为对未来社会条件中"两个和解"实现的现实铺设，符合生产方式走上绿色转型之路的需要，即要坚持在社会主义生态文明制度的框架下以现代化产业体系作为生产方式绿色转型的载体，并以绿色技术的"社会主义应用"推动新质生产力的实现。

其次是社会主义生态文明观引领下的生活方式绿色转型。社会生产与社会生活作为人类"共同活动方式"，在唯物史观视域中具有高度关联和内在一致性，即作为由中国式现代化开启的生态文明新形态的形成需要具备"生产"要素和"生活"要素。除了探讨社会主义生态文明观引领下的生产方式绿色转型，还要讨论与之相应的生活方式绿色转型。事实上，后者作为自觉的主体践行生态文明意识的外化行为表现，在呈现主体生命样态的同时，也意味着作为"境界论"而非"发展观"的社会主义生态文明观的最终确立。一句话，无论是"后物质主义"价值观的培育还是绿色消费方式的养成，依靠"生态公民"才能最终实现，而人的现代化恰恰有助于实现社会主义生态文明观追求的绿色转型目标。

总之，构建"以绿色转型为目标的社会主义生态文明观"绝不应当仅仅是观念的革命，还在于人们的生活这一现实运动本身，马克思所说的"人之为人"的本质实现正在这场现实运动中得以展开。

目　录

第1章 绪 论

1.1 研究缘起

问题是时代的声音，理论是变革的先导，任何理论都在反向问题倒逼与正向历史推动的双向机制背景之下产生。社会主义生态文明观作为中国生态文明建设实践的观念表达，是涵盖生态与自然、生态与社会、生态与政治、生态与全球视野等多重视域的整体性观念。此种观念表达根植于哲学，但绝非仅仅停留于思中之物，因为观念固然体现人的文明开化程度，但"开化"究其根本只有在实践中才能转化为推动社会进步发展的物质力量，正因如此，我们要始终立足于"革命的实践"来理解以绿色转型为目标的社会主义生态文明观。文明的自觉是人类社会出现之后的事情，这里的自觉在深层次上意味着建基于客观物质生产状况之上的、对于已经发生过的和正在发生着的文明的批判性认知和改变，马克思为后人确立起的理解生态问题的历史唯物主义原则正体现出这种自觉。我们还可以从价值哲学意义上理解以绿色转型为目标的社会主义生态文明观，因为价值哲学根本上关涉的是人文维度，而以绿色转型为目标的社会主义生态文明观探讨的两种主体问题当然也可以纳入其中。但无论对其作出历史唯物主义的理解还是价值哲学的理解，理论的"实践性"问题都不应当被忽视，这种实践性要求其对于人类生存的"在世"作出切实改变。正因如此，在全球生态危机凸显的背景下呼唤历史唯物主义的当代出场显得尤为紧迫和必要。全球生态危机昭示的"人与自然"关系仍建基于资本和现代形而上学双重建制，由此带来的异化关系阻滞个人自由而全面的发展，马克思的历史唯物主义则为人类改变现实生活、改变社会历史境遇以及改变整体生存状况提供了锁匙：马克思自然观不仅实现存在论转向，为自然寻回失落的生命本质，并且由于阐明科学生态规律与反映人类价值关怀从而占据时代制高点。尽管今天相对于马克思所处时代的特征已发生新的变化，然而现代文明的光辉与阴霾使得我们在考量人与自然关系时容易滑向现代性思维模式，即主—客对立。这一思维模式实则内嵌于人与人的社会关系之中，由于错误的观念根植于异化的生产方式本身，异化的生产方式又形塑异化了的价值观念，由此西方在社会发展的道路上却离"人的本质"目标越来越远。

以实践维度观之，国内所展开的垃圾分类工作或者《长三角生态绿色一体化发展示范区总体方案》的颁布，旨在为全体人民创设更加优美宜居的生产、生活与生态空间；与此相对的则是西方发达资本主义国家仍在进行生态污染转移，使少数人生态权益的实现以多数人生态权益牺牲为代价，因而需要进一步思考如何超越传统现代化发展模式、变革传统"主客二元"思维方式，进而寻找现代生活中安置个人生命生存的优越性"装置"了，回答该问题显然应当回到人本身。主体的精神气质和思想文化观念受制于所处时代的"哲学基础"，在这一总体性原则统摄下人展开思维、行动和意志，换言之不仅要讨论人的生态意识，还要讨论构成人的生态意识和行动背后的那个"本质性"的东西，即与时代相适应的生态文明观。尽管主体生态文明观的形成需要以一定的社会物质为基础，然而社会生产力的发展并不会自动带来包括思想、意识等在内的人之现代化，此时马克思主义政党的引领作用发挥便显得尤为重要。就生发于中国式现代化进程中，经由认识生态现象而逐步概括出人与自然的关系这一哲学范式的"现实运动"而言，总体上与生产力发展或者经济因素保持一致，并且后者决定着前者观念之"社会历史性"特征。有学者看重经济要素在社会发展中的重要作用，并概括出"生产—生命—生活"的逻辑演进路径：我国生态文明观始于生产世界，随着认识加深、经济发展、人的需要扩大，生态文明观逐步扩展到生命—生活世界[1]。自中国特色社会主义事业进入新时代以来，党的十九大报告创造性地提出"我们要牢固树立社会主义生态文明观，推动形成人与自然和谐发展现代化建设新格局，为保护生态环境作出我们这代人的努力！"[2]；党的二十大报告再次强调"必须牢固树立和践行绿水青山就是金山银山的理念，站在人与自然和谐共生的高度谋划发展"[3]，这些高瞻远瞩的论断不仅蕴含着马克思剖析生态问题的哲学世界观和方法论，也为当今世界构建清洁美丽世界、地球生命共同体贡献中国治理方案。本书选取"社会主义生态文明观"作为研究对象，在将其置于马克思自然

---

[1]　于冰：《生态文明演进与驱动力分析》，《宁夏社会科学》2024 年第 3 期。

[2]　习近平：《决胜全面建成小康社会　夺取新时代中国特色社会主义伟大胜利——在中国共产党第十九次全国代表大会上的报告》，人民出版社 2017 年版，第52 页。

[3]　习近平：《高举中国特色社会主义伟大旗帜　为全面建设社会主义现代化国家而团结奋斗——在中国共产党第二十次全国代表大会上的报告》，人民出版社 2022 年版，第 50 页。

观生态意蕴的框架中完成对其的认识、剖析和拓展，尝试建构起包括生态自然观、生态社会观、生态政治观以及生态全球观在内的理论体系，并期待通过主体意识的现代化及其指引下的绿色行为践行来落地。

1.2 国内外相关的研究综述

1.2.1 国内研究现状

1.2.1.1 马克思自然观理论相关研究

自然观作为人类对自身与自然关系的本体思考，可追溯至古希腊时期的有机自然观，并历经文艺复兴时期的机械自然观，再发展到启蒙理性时期的进步自然观，这一自然观仍然统摄着当今时代的西方。总的来说，西方哲学思想史上对于自然的思考整体上呈现从本体论到认识论转向。马克思的自然观有着资本主义社会这一特定问题域，作为唯物史观的创立者，马克思以"实践"为中介从历史本体论和历史认识论两个维度剖析了生态问题，并指出人与自然的关系和人与人的社会关系之间的辩证统一，尤其要看到现代社会中社会制度对于生态环境的影响机制。在此基础上，马克思深刻批判了资本主义制度导致的环境恶化及进一步带来的人的生存问题，并指出共产主义社会才能真正实现"双重和解"。学界主要围绕"劳动实践"对马克思自然观进行唯物主义阐释，相关成果如下：

首先，是对于两种自然概念较有代表性的论述。周义澄教授的《自然理论与现时代》列举了客观实在的自然，政治经济学视域下作为"生产要素"的自然，以及系统科学论下作为"生活环境"的自然;[1]张明国教授的《马克思主义自然观概述》立足于唯物史观的基本立场,认为马克思主义自然观具有唯物的、辩证的、实践的、历史的和科学的特征。[2]与以上相类似,解保军教授的《马克思自然观的生态哲学意蕴》一书同样对自然概念的层次作出唯物史观的界划,认为物质自然、人化自然、社会自然和生态自然中的概念分别属于自然观本体维度、实践维度、历史维度和生态维度;[3]肖中舟教授对马克思自然概念的划分大致与解保军教授在本体维度上一致,不同的是,肖教授将"人化的自然"放在认识论维度,并增加了价值论维度的"生态的自然"。[4]

其次,是对于马克思"人化自然"地位的突出强调。"人化自然"的提出实际上针对的是那些将马克思恩格斯自然辩证法仅仅理解为自然界规律本身,以及将马克思恩格斯的唯物史观视作"经济决定论"的言论。俞吾金教授在《重新理解马克思》中认为马克思自然辩证法实际上是人化自然辩证法,并说"当我们离开人,离开社会历史,抽象地论述自然界自身运动的规律时,看起来是坚持了唯物主义的观点,实际上,这种类似于费尔巴哈所坚持的抽象的、直观的唯物主义,归根到底只是一种唯心主义的观点";[5]王凤才教授认为马克思主义理论体系以实践为中心、以

---

[1] 周义澄:《自然理论与现时代——对马克思哲学的一个新思考》,上海人民出版社 1988 年版。

[2] 张明国:《马克思主义自然观概述》,《北京化工大学学报(社会科学版)》2012 年第 4 期。

[3] 解保军:《马克思自然观的生态哲学意蕴》,黑龙江人民出版社 2002 年版。

[4] 肖中舟:《论马克思的自然观》,《武汉大学学报(哲学社会科学版)》1997 年第 1 期。

[5] 俞吾金:《重新理解马克思:对马克思哲学的基础理论和当代意义的反思》,北京师范大学出版社 2013 年版,第 338 页。

人与自然关系为核心、以人的对象性活动为契机。[1]**最后**，挖掘和识别马克思"自在自然"中蕴含的生态观念。马克思之所以被视为一位"普罗米修斯"式的人物，部分原因在于他尤为强调主体劳动实践的能动性。也有一些学者持不同意见，从"自在自然"着手分析马克思自然观中具有的生态科学维度。东北大学陈凡教授在《自然辩证法概论》中通过论述生态自然观相关内容，指出生态自然观是依靠生态系统或者科学方法而形成的人和自然间关系的观念，构成经济社会可持续发展的基础前提和客观规定；[2]解保军在《马克思自然观的生态哲学意蕴："红"与"绿"结合的理论先声》一书中论及"红""绿"结合的生态文明论，既从科学认识意义上阐述生态问题，又将生态问题与"红色"社会制度进行关联。第三种视角实际上也为马克思自然观研究的第四种维度做出铺垫：既然生态问题是一个社会制度问题，那么解决生态问题必须诉诸变革社会制度的实践路径。如有学者指出，如果说"自在自然"是唯物主义的生态自然观，"人化自然"是实践辩证的历史自然观，那么未来新社会（共产主义社会）中的人、自然与社会的和谐统一则突出了社会制度变革的作用。[3]

在以上梳理过程中能够看出国内学者十分关注马克思自然观中蕴含的生态内涵，尤其是在气候变暖、资源枯竭和生态退化等问题日益明显的今天，马克思关于自然界本体地位的论述更加具有时代意义。在以上研究中，学者们的重要尝试就是借鉴其他学科中的研究方法与马克思主义学科相互补充来研究生态问题，如用

---

[1] 王凤才：《重新发现马克思》，人民出版社 2015 年版。

[2] 陈凡：《自然辩证法概论》，人民教育出版社 2010 年版，第 86 页。

[3] 潘岳：《马克思主义生态观与生态文明》，《学习时报》2015 年 7 月 13 日。

生态科学知识中的生态系统论补充和阐明马克思的自然观，为中国生态文明建设实践予以学理上的论证。实际上，在研究社会主义生态文明观时，需要注意两方面。一方面要把握生态问题具有的客观性：余谋昌在《马克思和恩格斯的环境哲学》一文中从自然界在时间上早于人类产生、人类依靠自然界生活以及自然界为人类自由发展提供资料三个方面对马克思"自然界优先地位"作出阐释；[1]韩立新阐发了马克思在《资本论》中提出的"物质代谢"概念，认为人与自然之间的物质变换关系必须以尊重自然规律为前提，因此"物质代谢"概念包含着环境保护思想。[2]以上研究为中国生态文明建设提供了学理上的论证。另一方面不能忽视"中国特色社会主义"对"生态文明观"的规定作用。换言之，在我国生态文明观形成过程中，中国逐渐形成由"思想引领、主体协同、经济支撑、技术驱动以及制度保障"组成的系统合力，在推动高质量发展、实现人与自然和谐共生现代化中发挥积极作用。

1.2.1.2　社会主义生态文明观相关研究

马克思自然观在中国化时代化进程中的发展要求我们在对待生态问题时要坚持唯物主义立场、阶级分析观点以及"两大关系"的基本内容。我们发现"社会主义生态文明观"的形成轨迹和丰富完善可从历年党代会报告中透视，并应当重视不同党代会报告所使用的话语表述及话语背后的概念支撑，而概念背后则又涉及系统的理论体系支撑。为此，讨论"社会主义生态文明观"要沿着"话语—概念—理论—哲学基础"的进路分析，这一进路为中国式现代化实践所依托。与此同时，辨明相关概念之间的关

---

[1]　余谋昌：《马克思和恩格斯的环境哲学思想》，《山东大学学报（哲学社会科学版）》2005 年第 6 期。

[2]　韩立新：《马克思的物质代谢概念与环境保护思想》，《哲学研究》2002 年第 2 期。

系，在涉及作为名词词组的"社会主义生态文明"和"习近平生态文明思想"，作为动词词组的"社会主义生态文明建设"和"人与自然和谐共生现代化建设"等相关概念时，我们应当关注不同概念的使用语境、重点内容和主要特征等，进而在变化的对比中讲清楚什么是"社会主义生态文明观"。

（1）"社会主义生态文明"相关内容论述

就作为名词词组的"生态文明"来讲，目前学界的理解大致可以分为以下三种观点：第一种观点是将生态文明视为新的文明形态论。徐春教授在《生态文明在人类文明中的地位》中将生态文明视为工业文明之后的新形态。[1]王凤才教授同样持此观点，只不过他提出生态文明作为"人类文明4.0"的界划依据不是人与社会的关系，而是从人与自然关系着眼分析，由此人类文明被分为原始文明、农业文明、工业文明和生态文明。[2]王雨辰教授将支撑文明类型的世界观、自然观、发展观和价值观等看作划分依据：工业文明机械论世界观和自然观导致人支配自然，"增长第一"的发展观带来经济对资源的挤压；生态文明则背靠有机论的世界观和系统生态哲学观，在价值观上以共同体价值替代工业文明的"经济增长观"和"个人主义价值观"，从哲学依据看，这是两种完全不同的文明类型。[3]杨晶也肯定生态文明与工业文明的异质性，认为"生态文明是对工业文明的全面超越，不仅在经济发展中超越工业文明以来的为追逐利润而进行的不可持续的黑色发展，更是在社会的管理体制，人们的生产、生活方式以

---

[1] 徐春：《生态文明在人类文明中的地位》，《中国人民大学学报》2010年第2期。

[2] 王凤才：《生态文明：人类文明4.0，而非"工业文明的生态化"——兼评汪信砚〈生态文明建设的价值论省思〉》，《东岳论丛》2020年第8期。

[3] 王雨辰：《论生态文明的本质与价值归宿》，《东岳论丛》2020年第8期。

及哲学世界观和自然观等方面的超越发展"。[1]第二种观点认为
生态文明的理论没有超出工业文明的理论框架。由于主要涉及
对技术的生态化改进和完善，因此生态文明被认为不过是"工业
文明生态化"或者"生态化的工业文明"。汪信砚教授从技术形
态而非人与自然的关系入手来划分文明类型，认为生态文明不过
是工业技术的生态化应用[2]。这种观念实际上早在我国 20 世纪
八九十年代就已出现，将生态文明视为工业文明的"修补"。例
如叶谦吉教授从人们的生态需要出发，将生态文明建构规定为改
造自然和保护自然的统一，但"生态需要"本质上仍隶属于主客
二分的工业文明范式[3]。李绍东教授也有类似看法，认为生态文
明是人类为满足自身利益、改造自然所形成的积极成果[4]，尽管
他提到生态文明制度化问题、生态知识掌握和科学指导思想等，
但这些依旧积极服务于"改造自然"的目的。第三种观点将生态
文明视为其他一切文明的"基础"，来调和上述非此即彼的论调。
持这一观点的代表学者是张云飞教授。他将生态文明视为人类
所有文明产生的前提，认为"在人类文明的演化过程中，按照生
态'序参量'调控历史发展，就是生态文明"，依据在于"生态兴
则文明兴，生态衰则文明衰"这一论述。[5]

---

　　[1]　杨晶：《生态文明建设的价值目标》，《东岳论丛》2020 年第 8 期。

　　[2]　汪信砚：《生态文明建设的价值论审思》，《武汉大学学报（哲学社会科学版）》
2020 年第 3 期。

　　[3]　叶谦吉、范大路、谢代银：《人·自然·社会——生态悖论之思考》，《生态农业
研究》1998 年第 3 期。

　　[4]　李绍东：《论生态意识和生态文明》，《西南民族学院学报（哲学社会科学版）》
1990 年第 2 期。

　　[5]　汪信砚：《新冠疫情背景下生态文明建设若干问题再思考——对王凤才、张云
飞、王雨辰教授等人文章的回应》，《东岳论丛》2020 年第 8 期。

　　就"社会主义生态文明"的价值取向来讲，可将目前学界论述归结如下：**第一**，国内层面的生态文明建设事关中华民族复兴大局。这里我们关注的不仅仅是具体生态文明实践中出现的问题，所提出的相关完善机制和对策，更重要的是思想背后的哲学价值观支撑。当前人与自然和谐共生的中国式现代化建设行稳致远，这一广阔实践背后是习近平生态文明思想的高瞻远瞩的规划与指导，因此习近平生态文明思想的提出背景、价值意蕴和理论创新构成研究重点。例如庄贵阳认为习近平生态文明思想因应时代之问、人民之问，并且回答中国之问和世界之问；[1]沈广明认为习近平生态文明思想在人与自然的关系维度、生态与经济社会维度、环境与制度法治的关系方面对马克思主义具有原创性贡献；[2]张富文将以人民为中心视为社会主义生态文明建设的价值追求，认为要维护和关照人民的生态利益和生态福祉；[3]刘宇赤从社会主义核心价值内容的高度上看待生态文明，认为这是中国共产党以马克思自然观的生态意蕴分析国内人与自然的关系得出的科学结论，具有深厚的人民关切。[4]**第二**，国际层面的中国生态文明建设成为推动"世界百年未有之大变局"演进的一股重要力量。中国的生态治理方案无疑为解决人类共同问题贡献智慧。目前学者们主要围绕人类命运共同体的生态维度展开

---

　　［1］　庄贵阳：《习近平生态文明思想的内在逻辑与世界意义》，《当代世界》2024年第2期。

　　［2］　沈广明：《习近平生态文明思想对马克思主义的原创性贡献论析》，《马克思主义研究》2024年第2期。

　　［3］　张富文：《以人民为中心：社会主义生态文明建设的价值追求》，《科学社会主义》2018年第1期。

　　［4］　刘宇赤：《生态文明：社会主义必须高扬的核心价值》，《红旗文稿》2015年第21期。

理论拓展,例如张青兰在《人类命运共同体构建的生态价值逻辑
与样态探索》一文中虽未直接谈到中国的生态文明建设,但毫无
疑问生态文明建设中形成的生态治理实践对于提升全球治理水
平、推动全球绿色发展实践具有重要意义。[1]金瑶梅在《构建生
态向度的人类命运共同体》一文中从"生命共同体"这一具体生
态文明思想观念出发,认为此概念能够代表新时代中国特色社会
主义的生态文明,能够与向世界开放的"人类命运共同体"方案
进行对接。[2]实际上,无论是从国内还是国际维度观照生态文
明的价值,背后隐含的逻辑都在于"人"。既然中国的生态文明
理论或者生态文明建设是对马克思自然观基本立场、方法和观点
的继承,马克思自然观蕴含的全人类解放目标也应当得到继承性
发展,当前以人民为中心的价值立场正与群众史观一脉相承。第
三,生态文明的价值既然是为了人,只有将这一先进的价值观念
落实到日常生活,才能实现从"能够生活"转向"美好生活"。何
娟在《社会主义生态文明视域下的绿色生活方式》一文中认为优
美的生态需要不仅大大拓展了人的需要维度,丰富着人的自由而
全面的发展的内涵,并且这种需要只能够在社会主义生态文明的
国家得到实现,其中绿色生活方式就是人们外化自身生态环境需
要和思想观念的具体行为;[3]相比绿色生活方式,陈爱华在《论
绿色发展方式和生活方式理念蕴含的生态伦理辩证法》一文中增
加了"绿色发展方式"意涵,认为"两种绿色"相结合并通过人们

　　[1] 张青兰、张建华:《人类命运共同体构建的生态价值逻辑与样态探索》,《广东
社会科学》2020 年第 4 期。

　　[2] 金瑶梅:《构建生态向度的人类命运共同体》,《毛泽东邓小平理论研究》2020
年第 2 期。

　　[3] 何娟:《社会主义生态文明视域下的绿色生活方式》,《哈尔滨工业大学学报
(社会科学版)》2019 年第 4 期。

的行为践行，才能最终达到绿色富国与绿色惠民的统一。[1]除了绿色发展方式和生活方式以外，"生态化"消费方式因为深度关联着人们的日常行为活动也备受重视，进而有学者提出"生态消费"或者"绿色消费"的概念。柏建华认为"生态消费是一种生态化的或绿色化的消费模式，它以不对生态环境造成危害为前提来满足人需要的一种消费行为"；[2]杜仕菊、程明月提出"绿色消费以节约资源和保护环境为特征，彰显着新时代人民对美好生活的价值期许"。[3]第四，生态文明的价值还在于推动生产方式绿色化。讨论生产方式要引入绿色发展理念，该理念致力于解决好经济发展与生态保护的关系，从而走向可持续性发展。[4]康沛竹和段蕾认为绿色发展概念包括经济领域的生态生产力、社会领域的绿色福利以及自然领域的生态文明；[5]与之类似，王玲玲和张艳国把绿色发展视作包括绿色经济、绿色环境这些子系统在内的总系统；[6]何爱平和安梦天则从绿色发展理念的目标和归宿方面具体规划了理念如何落地，即进行生态文明建设，要以绿色财富观为出发点，以绿色生产力为理论基础，以绿色技术创新与绿色经济体系为动力支撑，以绿色发展方式、生活方式转型

---

[1] 陈爱华：《论绿色发展方式和生活方式理念蕴含的生态伦理辩证法》，《思想理论教育》2019年第2期。

[2] 柏建华：《生态消费行为及其制度构建》，《宁夏党校学报》2005年第1期。

[3] 杜仕菊、程明月：《从资本逻辑到人的逻辑：美好生活视域下绿色消费的理路变迁》，《江苏大学学报（社会科学版）》2021年第2期。

[4] 郑正真：《国内学术界关于"五大发展理念"研究述评》，《南京政治学院学报》2016年第6期。

[5] 康沛竹、段蕾：《论习近平的绿色发展观》，《新疆师范大学学报（哲学社会科学版）》2016年第4期。

[6] 王玲玲、张艳国：《"绿色发展"内涵探微》，《社会主义研究》2012年第5期。

为推进路径，以绿色发展制度体系来保障绿色发展的落实等。[1]由此可以看出，绿色发展理念的价值引领的内涵在于"美丽中国"目标的实现。[2]从国际和国内两个视野来看，从生产与生活方式两个路径理解生态文明的价值，满足"人民优美生态环境需要"是讨论该问题的落脚点。

（2）"社会主义生态文明观"及中国语境的相关研究

第一，从历代党代会报告中梳理"社会主义生态文明观"的产生过程及中国语境。

社会主义生态文明观作为在实践中形成的关于人和自然关系的概念，背后是一套相对稳定的态度、情感和价值取向。该概念的形成如下阶段：党的十七大报告使用了"生态文明观念"，其主要针对"生态文明建设"或"建设生态文明"这一具体举措而提出要统筹理论与实践两个方面，具体表述为"我国的生态文明及其建设同时是一个新型实践推进与观念认识教育提高的问题"[3]；党的十八大报告将"生态文明观念"具体细化为"尊重自然、顺应自然、保护自然"；党的十九大报告对"生态文明观念"做了政治哲学层面的延展，意味着这一理念要在全社会得到树立，即"牢固树立社会主义生态文明观，推动形成人与自然和谐发展现代化建设新格局"；[4]党的二十大报告提出要"牢固树立

---

[1]　何爱平、安梦天：《习近平新时代中国特色社会主义绿色发展思想的科学内涵与理论创新》，《西北大学学报（哲学社会科学版）》2018 年第 5 期。

[2]　蔡永海：《绿色发展理念为中国精神注入时代意蕴——兼谈"美丽中国"目标》，《社会科学辑刊》2019 年第 1 期。

[3]　郇庆治：《社会主义生态文明观阐发的三重视野》，《北京行政学院学报》2018年第 4 期。

[4]　习近平：《决胜全面建成小康社会　夺取新时代中国特色社会主义伟大胜利——在中国共产党第十九次全国代表大会上的报告》，人民出版社 2017 年版，第 52 页。

和践行绿水青山就是金山银山的理念，站在人与自然和谐共生的高度谋划发展"[1]，这里的"两山论"实际上是社会主义生态文明观进一步细化的表述，也是对经济发展与环境保护两者之间关系的进一步廓清。这里我们必须明确"生态文明观"的逻辑前提，即要置于中国特色社会主义的框架和语境中，尽管尊重"自然规律"在不同的国家具有普遍意义，但"中国特色社会主义"的限定条件使之获得了特殊性。换言之，"社会主义生态文明观"概念本身就是包含自然性与人文性、生态性与社会性、科学性与政治性等在内的普遍性与特殊性的统一。如方世南教授论述到，中国特色社会主义生态文明观具有鲜明的社会主义意识形态属性；[2] 郇庆治教授从环境政治学的角度把握社会主义生态文明观背后的政治立场，认为此概念是中国在社会主义制度大前提下所展开的生态文明建设及其实践、理论或话语体系；[3] 与此类似，黎祖交在《生态文明关键词》一书中将"社会主义生态文明观"置于新时代中国生态文明建设的理论框架中；[4] 王英伟从普遍性的生态文明观和特殊性的中国生态文明独特气质结合的角度理解该概念[5]，这种独特气质实际上正是"中国特色"所表述的。

---

[1] 习近平：《高举中国特色社会主义伟大旗帜 为全面建设社会主义现代化国家而团结奋斗——在中国共产党第二十次全国代表大会上的报告》，人民出版社 2022 年版，第 50 页。

[2] 方世南、周心欣：《社会主义生态文明观：内涵、价值、培育与践行》，《南京工业大学学报（社会科学版）》2018 年第 3 期。

[3] 郇庆治：《社会主义生态文明观阐发的三重视野》，《北京行政学院学报》2018 年第 4 期。

[4] 黎祖交、陈宗兴：《生态文明关键词》，中国林业出版社 2020 年版。

[5] 王英伟：《论中国特色社会主义生态文明观》，《沈阳师范大学学报（社会科学版）》2014 年第 6 期。

总之，生态可持续性的普遍要求和社会主义制度的特殊取向是把握以绿色转型为目标的社会主义生态文明观的重要维度。

第二，从党的领导下的生态探索实践入手理解"社会主义生态文明观"的具体内涵，可发现此概念的形成伴随着现代化实践的历史演进。这一部分的综述主要围绕两方面展开：

一个是侧重历史脉络演进，着重梳理新中国成立以来"社会主义生态文明观"的演进历程。当然实际上，此概念成熟于新时代以后，但是概念所隐含的实践基础以及关于这一概念最初的话语表述能够追溯到新中国成立时期。新中国成立初期，国内外形势和生产力条件落后使得很长时间内人与自然的关系的矛盾较为突出，但同时也不能忽视这一关系的社会主义制度背景。刘海霞在《毛泽东生态思想及其时代价值》中回顾了毛泽东同志等在保护环境方面作出的相关努力，包括节约资源、控制人口、重视水利和植树造林等实践措施。[1]但是还有一些学者并不认为新中国成立初期有生态文明思想。如何理解毛泽东或者说1949年以来是否有生态文明建设实践甚至是"社会主义生态文明观"的问题呢？解答这一问题应当回到黑格尔所说的"社会历史之现实"的维度，即结合新中国成立初期的国情，理解是在何种意义的层面上谈论生态文明观。社会主义革命和社会主义建设探索阶段，为夺取新民主主义革命胜利、维护新生政权安全，国家的首要任务要求集中力量进行重工业体系建构，其中对自然存在着"利用和改造"以发展生产的倾向。但此种做法是否属于"生态文明观念"？本书认为要结合特定时代任务进行理解，该时期

---

［1］ 刘海霞：《毛泽东生态思想及其时代价值》，《毛泽东思想研究》2015年第3期。

主体形成的对于自然的看法和观念旨在维护自身生存安全，因此这是"无意识"[1]生态文明观念，就此产生的改造自然的实践可视作对社会主义生态文明观的探索。就该概念的构词法而言，"中国特色社会主义"概念最早是由邓小平同志在党的十二大提出的，原表述为"建设有中国特色的社会主义"。中国特色社会主义的开创，标志着我国走出了一条不同于西方现代化的发展道路，当经济与人口资源环境问题摆在眼前时，党和国家制定了一系列方针政策来促进人与自然的和谐，相关举措说明此时已开始从上层建筑层面调整人与自然的关系。如1989年通过的《中华人民共和国环境保护法》以及国家环境保护局的建立等。在中国特色社会主义发展阶段，以江泽民同志为主要代表的中国共产党人准确把握世界可持续发展潮流，并在党的十五大报告中正式提出可持续发展战略。从党的十六大开始，以胡锦涛同志为主要代表的中国共产党人将"科学发展"、建设"两型社会"作为我国全面建设小康社会的目标之一，并将促进人与自然和谐作为改革发展的原则之一。回顾上述历程发现，中国共产党对"生态问题"或者人与自然的关系问题的认识已不再仅仅局限于科学问题、经济问题，而是逐渐上升为政治问题，这一变化历程鲜明体现出马克思主义政党认识发展规律的历史自觉和主动破解问题的历史主动精神。有学者看到了中国共产党在认识自然问题上的思想连续性，认为从1983年保护环境基本国策的提出，科学发展观，

---

[1] 需要说明的是这里并非从人对自然发生作用的行为结果上来判定是否存在"生态文明观念"，而是从人对自然的意识发生层面（包括利用、改造或保护的意识）进行界定。因此"无意识"和"有意识"在这里指代生态文明观念形成的自发和自觉的不同阶段。

再到习近平生态文明思想均是对毛泽东关于生态认识思想的继承和发展；[1]汪希就邓小平提出的保护环境基本国策作出详细阐发，认为"建设生态文明最终要靠科技进步、制度建设和法律体系的完善等"，[2]这里着重强调从上层建筑尤其是制度层面来调整人与自然之间的关系。大致来说，学界关于社会主义生态文明观形成的历史的研究主要是围绕中央对于人和自然关系的认识、举措以及相关思想的本质而展开的。

另一个关注的重点则放在"社会主义生态文明观"当下语境展开上，集中于新时代以来习近平总书记关于"人与自然是生命共同体"的重要论述。之所以选取这一概念组合的原因在于，它是习近平生态文明思想或者说社会主义生态文明观的独特价值标识。唐韬认为，人与自然生命共同体蕴含引领生态文明建设的核心理念与科学方法，涵盖自然生命共同体、人类命运共同体、人与自然生命共同体三层意思。[3]进一步对"人与自然是生命共同体"理论进行梳理，曲一歌认为当代中国正在建构的"生命共同体"研究范式，既不是表现为人类中心主义的"实体构成论"，也不是表现为生态中心主义的"关系生成论"，而是综合与超越两者的"和谐共生论"。[4]这实际上体现了马克思自然观的整体性思维，作出类似分析的还有王雨辰、方世南、邱耕田

[1] 黄娟、黄丹：《新中国成立以来中国共产党的生态文明思想》，《鄱阳湖学刊》2011年第4期。

[2] 汪希、刘峰、罗大明：《邓小平生态文明建设思想的当代价值研究》，《毛泽东思想研究》2015年第1期。

[3] 唐韬：《人与自然生命共同体理念的内涵与价值》，《人民论坛》2024年第10期。

[4] 曲一歌、孟建伟：《超越"实体构成论"与"关系生成论"——关于"生命共同体"的生态本体论研究》，《自然辩证法研究》2024年第7期。

等学者。[1]同时，魏华和卢黎歌、谭文华、李猛、吴星儒、李沐曦等人未局限于生态哲学体现的系统思维，[2]而是相对整全地论述了马克思自然观与习近平生态文明思想的相互关系。事实上，"实践"概念是把握此种相互关系的关键，陆雪飞、王伟婉认为马克思的实践唯物主义自然观是"人与自然是生命共同体"的哲学基础；[3]李桂花等也抓住了以实践为基础的马克思自然观实现的本体论转变，进而论述了"人与自然是生命共同体"理念的内在旨归及现实要求。[4]第三，对以上梳理进行归纳从而对社会主义生态文明观的实质性内容予以把握。**首先**，将复杂理论体系的社会主义生态文明观展开分析，包括三层次说与四维论。三层次说从理论基础、生态价值观念以及人的生存境界三个方面进行概括：张芮菱着眼于人的维度，将社会主义生态文明观划分为人本身、人与人的关系以及未来人的自我发展三个维

---

[1] 方世南：《论"自然是生命之母"的生态哲理——学习〈习近平新时代中国特色社会主义思想学习纲要〉》，《理论与改革》2019 年第 5 期。

邱耕田：《认识和构建人与自然的生命共同体——基于马克思主义生态哲学视角》，《江西社会科学》2018 年第 11 期。

[2] 魏华、卢黎歌：《习近平生态文明思想的内涵、特征与时代价值》，《西安交通大学学报（社会科学版）》2019 年第 3 期。

谭文华：《论习近平生态文明思想的基本内涵及时代价值》，《社会主义研究》2019 年第 5 期。

李猛：《共同体、正义与自然——"人与自然是生命共同体"与"人类命运共同体"生态向度的哲学阐释》，《厦门大学学报（哲学社会科学版）》2018 年第 5 期。

吴星儒、李沐曦：《习近平"生命共同体"思想对马克思恩格斯人与自然关系思想的继承与发展》，《思想政治教育研究》2018 年第 6 期。

[3] 陆雪飞、王伟婉：《"人与自然是生命共同体"理念的哲学基础探析》，《学术论坛》2019 年第 5 期。

[4] 李桂花、柳丽萍：《"人与自然是生命共同体"论断的思想渊源》，《哈尔滨工业大学学报（社会科学版）》2024 年第 3 期。

度；[1]卢风则主要从价值观、人生观和幸福观三个层面展开，归纳出社会主义生态文明观在这三个方面对于工业文明观的具体超越所在。[2]四维论主要有郇庆治从哲学之基础、制度体制架构、支撑性理念以及开放性视野四个环节理解；[3]张凤华侧重分析中国特色社会主义生态文明观建设的四种实现路径，包括人民群众为力量支持、科学技术为推动力量、法制化轨道保障和世界人民的通力合作。[4]其次，侧重从总体观念角度对社会主义生态文明观进行分析。总体上是对生态自然、社会自然和价值维度三个方面展开的划分，不同之处在于对某一层面进行具体展开。例如，高冉突出的是社会自然维度，因而围绕人对自然应担负起的伦理价值展开论述，主要包括人们应当树立与自然的关系正确的世界观、人生观和价值观；[5]王雨辰同样侧重于从人的维度来论述构建社会主义生态文明理论的方法论与价值追求，并强调要捍卫中国的环境权与发展权、坚持历史唯物主义的"环境正义"价值取向。[6]不同于以上学者侧重研究生态问题中人的价值，胡长生[7]、李干杰[8]等学者主张全方位把握习近平新时代

---

［1］ 张芮菱：《社会主义生态文明观的三向度解析》，《中共四川省委党校学报》2018 年第 1 期。

［2］ 卢风：《生态文明新时代的时代精神》，《中国生态文明》2017 年第 2 期。

［3］ 郇庆治：《社会主义生态文明观阐发的三重视野》，《北京行政学院学报》2018 年第 4 期。

［4］ 张凤华、周敏：《论中国特色社会主义生态文明观》，《江汉论坛》2011 年第 11 期。

［5］ 高冉、王国坛：《中国特色社会主义生态文明观的自觉演进》，《理论探索》2019 年第 1 期。

［6］ 王雨辰、幸菊艳：《论生态文明理论的内在矛盾与社会主义生态文明理论的构建》，《江西社会科学》2024 年第 6 期。

［7］ 胡长生、胡宇喆：《习近平新时代生态文明观的理论贡献》，《求实》2018 年第6期。

［8］ 李干杰：《牢固树立社会主义生态文明观》，《学习时报》2017 年 12 月 8 日。

生态文明思想，不仅涉及生态文明思想背后的辩证唯物主义方法论，如科学自然观、国家治理体系论、系统建设论、"两山"协调论、整体协同观（全面行动观）、严密法治观（制度保障论），而且囊括了历史唯物主义观点，包括深邃历史观、绿色发展观、全球命运共同体论（共赢全球观）、人民福祉论（基本民生观）等。总之，以上研究大多是围绕马克思自然观关于自在自然和人化自然的区分和统一来展开分析的，看似自在的生态环境问题离不开制度保障的基本层面，最终还要落脚于价值关怀。

1.2.2　国外研究现状

1.2.2.1　关于马克思自然观及生态问题相关研究

自然观作为马克思庞大理论中分析生态问题的一环节，同样需要借助"劳动实践"这一核心概念或者新唯物史观来进行分析。西方马克思主义学者关于马克思恩格斯思想中是否具有生态思想存在不同意见，一种认为马克思恩格斯是人类中心主义者，他们支持大力发展生产力因此间接造成了生态问题；另一种认为马克思恩格斯思想中关注自然生态环境问题并形成较为完整的理论体系；还有一种则认为马克思恩格斯思想中存在生态思想但并不构成完整的理论系统，因而需要其他的理论对其进行补充和完善。

首先是早期西方马克思主义者对于马克思自然观的研究。这里仅选取一些具有代表性的著作，例如作为西方马克思主义流派开创者的卢卡奇强调"总体性"的概念，在此视域之下辩证法具有了社会历史范畴，自然是存在于社会中的自然界，[1]这无疑

---

[1]　[匈]卢卡奇：《历史与阶级意识》，商务印书馆 2018 年版。

是对马克思关于"人化自然"的尊重。但问题的另一方面在于卢卡奇重视社会历史领域就会造成对自然历史领域的忽略，进而忽视自在自然的客观先在性。施密特与卢卡奇一样强调"社会的自然"，这无疑切中马克思自然观的实践唯物主义向度[1]。还有科尔施所说的"在唯物主义的社会理论中引导出一切发展的最后基础，尽管不言自明地要承认'外部自然界的优先地位'，但它并不表现在任何处于历史与社会之外的自然要素"。[2] 我们既要看到以上学者对马克思实践辩证法能动性的强调，同时也不能忽视其潜在的理论缺陷。

其次是一批生态马克思主义学者对马克思自然观或生态思想的研究，包括"红绿"学派以及"浅绿"学派在继承马克思基本思想的基础上对于生态问题的研究。之所以如此，是因为生态自然问题从来都不仅仅是自然系统内部的自我运动，而是关涉社会层面的制度的问题以及人与人的关系的问题。生态马克思主义学者赞同马克思关于生态问题本质的基本论点，并为未来社会端送出社会主义制度的救助方案。总的来说，他们不同于强调"生态中心主义"的"深绿"运动，而属于一种较为接近马克思本人思想的"人类中心主义"。其中既包括一些诉诸技术变革解决生态问题的"浅绿运动"，也包括后期旨在变革制度的"红绿运动"，其主要观点大致包括以下几个方面：

其一，关于生态问题根源的论述，西方生态马克思主义者本质性地看到生态问题背后存在的社会制度偏差。首先，生态危

[1]［德］施密特：《马克思的自然概念》，商务印书馆 1988 年版。
[2]［德］柯尔施：《卡尔·马克思：马克思主义的理论和阶级运动》，重庆出版社1993 年版，第 191 页。

机是嵌入资本主义危机体系的一个环节。资本主义制度通过私有产权而合法化了的人与人不平等的社会关系，在环境问题上造成"自然异化"，就此人们能够将资本主义危机与生态危机画等号（David Pepper，1993）；A. Gorz 找到了包括剩余危机与再循环流通阻滞在内的资本主义危机的根源，即作为生产要素的自然资源匮乏，这实质上道出了社会可持续发展的环境要素支撑（A. Gorz，1980）。Boaventura 认为应追求一种环境发展与公有制经济的"可持续性"，通过对资源的公共化分配达到取代垄断组织的目的，从而实现生态经济的可持续与社会人的相互平等（Boaventura de Sousa Santos，2006）。除此之外，生态马克思主义还批判了布什政府的保守性，例如 Foster 认为 1997 年华盛顿拒绝签署《京都议定书》是生态帝国主义的标志，并对环保组织的乐观态度作出批判：其盲目性在于环保组织忽视资本主义经济制度的强大，因而依靠西方资本主义国家带领全世界走出生态危机困境具有不可行性。

其二，关于生态危机的解决方法，生态马克思主义者为未来社会发展端送出社会主义的方案。与"生态中心主义者"存在根本区别，生态中心主义者的不切实际性在于他们给出的改进技术，甚至通过牺牲经济发展来消灭危机的办法，是一种毫无批判性的回到原始丛林的浪漫幻想。生态马克思主义以社会主义制度的科学性克服了这种浪漫幻想。A. Gorz 认为社会主义相比资本主义绝非"导致污染的社会"，这是因为人们需求的实用性和可计划性能够调配社会生产，社会主义环境因为注重商品的使用价值而带来总体产品数量的减少，但他明确质疑苏联社会主义模式的合理性（高兹，1994）；莱易斯（1988）也认为个人需要可通过生产活动而非消费活动获得。除此之外，Pepper（1993）认为社会主义还可以使人从贪婪中恢复理性，他反对将自然置于优先地位的"生态中心主义"，他支持的"人类中心主义"立场较为接近"人道主义"的含义。这些尊重社会主义制度的目标，使得一批学者希望将当代的环境运动转变为变革资本主义的社会主义运动（O'Connor，1998）。尤其从 21 世纪以来，福斯特、沃尔甚至还有伯克特三人更加注重生态革命，前两者的代表性著作分别为《生态革命——与地球和平相处》（2009）和《绿色左翼的兴起：全世界的生态社会主义运动》（2010）。具体论之，福斯特（2009）主要就生态革命的原则进行了探究，认为需要构建一种取代资本主义自然观、能够"调节人类与自然之间的新陈代谢关系"、可持续和自由的社会，实现人类社会向自然的回归。沃尔（2010）则从现实路径展开对生态马克思可行性的论述，但未讨论西方和拉美国家政治社会发展的差异性问题。伯克特的《马克思主义与生态经济学：走向一种红色的和绿色的政治经济学》（2006），也提出要依靠共产主义革命以便在阶级斗争中寻求人类持续发展。

其三，客观评析西方生态马克思主义的理论的内在限度。西方生态马克思主义者尽管有所侧重地继承了马克思自然观理论，然而在个人阐发中存在的理论的不彻底性，不仅造成误以为"马克思的原始标准在现今遇到了挑战"，甚至存在偏离经典马克思的理论倾向。**一方面**，在方法论维度上，马克思的理论由于涉及自然史和人类史的统一，相应要求方法论上具备人文科学与自然科学的手段，即辩证唯物主义和历史唯物主义的方法论。然而生态马克思主义研究者在评估生态问题的解决过程中却有失偏颇，过于重视科技手段，而造成社会科学与自然科学的割裂；相应地涉及对马克思历史观的分析时，学者们又认为其不能分析当今变化了的资本主义世界现实,因而不能准确诊断全球生态问题的新变化。马克思思想中究竟是否含有真正的生态理论,学者们的观点并不统一。总的来看,将生态危机的解决归结于技术或意识形态的变革,而对资本主义生态危机的生成机制和运行规律缺乏深刻把握,容易滑向"生态乌托邦"。**另一方面**,在应对方案维度上,部分立足于西方中心主义的学者只能给出绿色资本主义或者生态资本主义解决问题的方案,因而并未真正摆脱资本主义权力体制的控制。例如,其一,诉诸建立"绿色思维"的生态道德观,此观点无视道德生态在经济领域内的根基,妄想空中楼阁般改造人们道德观念的做法并不科学;其二,诉诸对科学技术的批判,一些生态马克思主义的早期学者认为技术革新具有推动生产力发展与导致资本主义制度扩张的双重本性,但最终导向"杰文斯悖论";其三,存在使自然资源市场化的"乌托邦"倾向。此外,他们所提倡的生态革命尽管涉及社会主义生产模式,但却存在于资本主义权力体制和大众公共权力的夹缝之中,类似于科威尔、沃尔等人致力于当今绿色政党发展而提出的"互帮互助的精神以及志愿活动",采用一些借鉴社会主义的生产模式来实现资本主义绿色化发展。上述做法的局限在于,他们希冀依托的是作为单纯的实践性的组织,而不强调其无产阶级的革命主体性。

总体来看,生态马克思主义者给出的"社会主义"解决方案背离了经典马克思主义"科学社会主义"的解释,导致了操作过程的无法落地。马克思鲜明地指出,社会主义的实现不仅需要思想的变革作为前行性引导力量,还需要"无产阶级"作为物质力量,主体及其思想观念通过革命的方式获得的现实成果即"自由人的联合体":"人与自然"以及"人与人"处于相互和解的状态。生态社会主义者内部关于走向社会主义的途径也有分歧:有的寄希望于改良，有的寄希望于以科技进步来弥补社会发展与生态危机之间的裂痕，还有的寄希望于扭转人们的思想方式，这些或多或少违背了自然、社会的发展规律，难以实践。也确实有些生态主义者希望采用革命方式来建立新型的社会制度，但对具体方案、运行路径、依靠力量的分析都没有把握，因而难以落地。值得注意的是，资本逻辑虽然是生态破坏的根源，但事实上资本在发生学意义上也具有承担走向更高文明类型的使命，然而生态学马克思主义过度强调资本之恶，并拒斥资本"文明"的一面，这也是导致其社会主义构想具有乌托邦色彩的重要原因之一。

1.2.2.2 生态问题的全球扩散及其相关视角

（1）生态问题成为全球性问题

西方以"共同体"为主题的研究的兴起与生态问题研究发展的轨迹大致相同。例如1940年左右，利奥波德用将土壤、水以及动植物等列入考察范围的"大地伦理"拓展"共同体"的边界，这里就包含着对生态问题的思考；"共同体"的内涵从早期政治学、社会学向伦理学的不断拓展意味着生态问题在西方所引起的重视程度不断加大，这开启了生态问题的研究进程。生态问题的上升大致经历了以下发展阶段：首先，早期生态问题刺激个人生态意识的觉醒。蕾切尔·卡森的《寂静的春天》（1962）[1]是这一时期的代表作，旨在唤起公民对人与环境之间关系的不断反思；70年代，则有罗马俱乐部发表题为《增长的极限》的研究报告，这一报告的出现表明了生态问题扩散的全球性。其次，中期生态问题的变化，引发人们对于经济社会可持续发展的思索。1972年斯德哥尔摩举行的人类环境会议，以及联合国环境与发

---

[1] [美]蕾切尔·卡森：《寂静的春天》，天津人民出版社2017年版。

展委员会于 1987 年和 1992 年陆续发布的一系列实现可持续发展的纲领性文件即是明证。最后，后期生态危机的蔓延使人们开始从关注经济的可持续发展延伸至广义的"生态文明"构建。"生态文明"标志着人类自觉的生态意识初步形成，主要以 2002 年南非约翰内斯堡的人类可持续发展峰会为标志。

国外关于如何破解生态问题，从而构建人与自然存续的"共同体"目前存在三种模式：一类属于环境友好型的绿色发展，包括以欧洲和日本为主要代表的工业发达／后工业国家和地区。此种绿色发展模式大致可归入弱人类中心主义范畴，与强"人类中心主义"宁肯牺牲环境的做法相比，其在人类物质需要满足和环境保护目标之间寻求均衡，希望采用渐进的经济技术改革（浅绿运动）。第二类属于生态可持续的绿色发展，主要局限于少数激进的环境运动团体，可大致归为"弱生态中心主义"范畴。主要代表流派有"红绿"生态马克思主义以及"深绿"生态中心主义或自治主义运动团体，他们强调生态保护是人类社会经济活动与社会发展的结果。第三类属于环境和资源的可持续增长，主要以广大发展中国家为代表，强调在社会发展的前提之下关注生态问题，某种程度上带有"人类中心主义"的价值立场色彩。

（2）生态问题研究的环境哲学视角

环境哲学学者认为自然界"自为存在"是评价内在价值的标准，兴起的时间在 20 世纪 70 年代以后，其中 1973 年澳大利亚哲学家鲁特莱（Richard Routley）的《是否需要建立一种新的伦理，或一种环境伦理》在西方环境伦理学中属于开山之作。[1]过于强调自然的内在价值使得一系列深层生态学者提出反对和超

---

[1] 周国文：《西方生态伦理学》，中国林业出版社 2017 年版。

越工业文明、回归乡土文明的"绿色话语",但这种退回到自然的做法无疑具有浪漫主义倾向。此外,保罗·沃伦·泰勒(Paul Taylor)的《尊重自然:一种环境伦理学理论》,[1]霍尔姆斯·罗尔斯顿(Holmes Rolston)的《哲学走向荒野》将所有生命的有机体与不同物种、系统、自然过程在价值上视为平等的,类似的著作还有诺顿(Bryan G. Norton, 1986)的《物种的保护:生物多样性的价值》、考利科特(J. Baird Callicot, 1989)的《为大地伦理的辩护》、哈格罗夫(Eugene Hargrove, 1989)的《环境伦理基础》以及米希尔·西默曼(Michael Zimmerman, 1993)等编著的《环境哲学:从动物权利到激进生态学》等,这些著作为自然问题以及全球环境保护实践提供了理论指南。

(3)生态问题研究的政治哲学视角

环境政治学在社会制度层面探讨如何获得生态可持续性,出现的标志是60年代美国穆利·布肯(Murry Bookin)的《生态学与革命理想》和加勒特·哈丁(Garrett Hardin)的《公有地的悲剧》的出版,两书均批判了由资本主义生产方式造成的双重异化,认为资本主义危机本质上就是生态危机(David Pepper, 1993)。A. Gorz[2]认为过度积累危机与再生产危机是资本主义危机的表现形式,而社会主义环境可根据人们的需求来计划社会生产,减缓由资本主义制度带来的社会发展不可持续性的进程(A. Gorz, 1980)。多数学者希望将目前的环境运动转变为变革资本主义的社会主义运动(O'Connor, 1998; Foster JB and

---

[1] [美]保罗·沃伦·泰勒:《尊重自然:一种环境伦理学理论》,首都师范大学出版社2010年版。

[2] A. Gorz. Ecology as Politics. Pluto Press, 1980.

Magdoff，2010）[1]。正如默里·克里金所言，为了摆脱资本积累的基本逻辑 M-C-M′ 以及更为致命的 M-CK-M′ 逻辑，要以民有、民治和民享这样一种全面的制度在社会、技术和经济层面进行全面规划（Foster JB and Clark，2012）[2]。值得一提的是，菲利普·克莱顿（2015）提出的有机马克思主义哲学也不失为资本主义的替代性方案选择（菲利普·克莱顿，贾斯廷·海因泽克，2015）。

（4）生态问题研究的环境经济学视角

生态问题与经济活动存在着天然的内在联系，因为经济活动归根到底属于人的物质实践方式并作用于自然，因此"绿色经济"引起了国外学者的关注。这一概念最早出现于戴维·皮尔斯（1989、1991）的《绿色经济蓝皮书》和《绿色经济》，并将土地资本扩充为生态资本；Weaver（2005）则认为经济发展只有绿色化才能实现全球可持续发展；Barbier（2011）认为全球"低碳革命"加快了发展方式的转变，并助力于绿色经济的实践。可以看出，国外学者在提到"绿色经济""绿色增长"等相关概念时带有浓厚的工具色彩，而并非对自然固有的内在价值的挖掘。环境经济学旨在通过经济学和环境科学的"联姻"来实现绿色发展目的。威廉·配第（William Petty，1662）在《赋税论》中首先指出自然条件具有限制人类财富创造的能力；马尔萨斯（Thomas Robert Malthus，1978）在此基础上在《人口原理》一书中提出了"人口理论"：人口的巨大增长所引起的对于生活资料的需求对自然带

［1］［美］詹姆斯·奥康纳：《自然的理由：生态学马克思主义研究》，南京大学出版社 2003 年版。

［2］ Brett Clark and John Bellamy Foster, "Marx's Ecology in the 21st Century", *World Review of Political Economy*, Vol.1, No.1, Spring 2010.

来沉重负担。与之相反，李嘉图（David Rocardo, 1817）在《政治经济学及赋税原理》中认为，资源属于"相对稀缺"而不是如马尔萨斯所说的"绝对稀缺"，并且资源的利用效率会随着人口、需求以及生产力的发展而逐渐提高。到了 19 世纪中叶，穆勒（John Stuart Mill, 1848）吸收上述观点而提出"静态经济论"的概念，对后来环境保护的理论和实践产生影响，其基本论点认为自然资源、人口与财富三者之间是相对稳定的。此外，英国经济学家庇古（Arthur Cecil Pigou, 1920）提出分析生态问题的"外部性"理论，他所论证的政府税收干预经济行为的合理性为后来的福利经济学、环境经济学奠定了基础。这一理论持续影响着新制度经济学家科斯。科斯（Ronald H. Coase, 1991）在《社会成本问题》[1]一文中提出的科斯定理证明，可用市场形式替代政府形式来解决外部性问题。总的来看，生态环境问题的经济学解决路径可谓环境经济中的理论亮点。

1.2.3　研究现状评述

1.2.3.1　对已有研究现状的评析

总体上看，国内外学界经过多年探索和积累，为本书提供了丰富的前期材料。接下来，在如下方面可作进一步挖掘：第一，"社会主义生态文明观"的体系化研究相对缺乏。目前学界的研究更多倾向于"不同的理论视角""内在的理论维度""历代领导人关于生态文明思想划分"以及"社会主义生态文明建设实践"等"单一向度式"，缺乏整体性视野和体系化研究。在理论基础方面，尽管学者们从中国、西方和马克思主义理论视角进行阐发和

---

[1]　高建伟、牛小凡：《科斯社会成本问题句读》，经济科学出版社 2019 年版。

挖掘，但由于更加注重于批判性继承方面，并未表明社会主义生态文明观的自觉性何在。生态文明观作为对人与自然的关系的认识，及由此延伸出的关于经济、政治、文化、社会等问题，各种问题之间的内在逻辑关系是什么？这都值得进一步研究。学界虽已意识到"社会主义生态文明观"的"发展学"和"应用性"价值，但体系化研究还不强，作为上位词的概念之间的内在逻辑关系还有待进一步厘清、解释说明。第二，以绿色转型为目标的社会主义生态文明观的实施方案研究较为缺乏。有关"社会主义生态文明观"的"阐释学"描绘尽管重要，但将理念操作化的实施方案、路径图绘、措施落地等方案性研究才能彰显实践优势。过于注重诠释而缺乏实践论证会导致理论滞后于实践发展，集中表现为理论的说服力跟不上实践的发生发展，进一步分析则是整体性方案研究的缺失。第三，以绿色转型为目标的社会主义生态文明观研究仍缺乏足够充分的理论支撑。观念作为对生态文明建设实践中感性杂多经验的提炼，前期研究整体上呈现一种"理念性"表达，"理论化"不足。对任何一种观念或者理念绝对不能仅仅停留在"外部反思"层面，对概念本质性内涵的理解应当深入到社会历史现实之中。同时，还应当避免对理论仅仅做一种宣传或者应景式的解读，除了应当重新将理论嵌入当下生态文明建设的实践中，还应当观照人民群众的力量，要让人们在头脑中整体把握以绿色转型为目标的社会主义生态文明观的思想基础和实践基础。第四，研究多集中于环境或者发展视角，缺少新文明类型的历史大尺度观。学界的研究注重问题导向，这不仅是"生态文明理论"或者说"生态文明实践"所规定的，更是当今世界人类整体生存发展境遇的现实选择。但关键的是问题研究始终不能取代理论研究，问题本身也不等于未来发展导向，发展导向强调的是理论具有的预见功能。

综上所述，学者们的研究有如下特点：一是解读问题的某一理论视角的稍显滞后；二是紧紧围绕概念本身做一种宣传性或者诠释学的分析；三是试图通过价值观的引导和文化的塑造进行生活方式的调整；四是聚焦问题导向的实证分析，缺乏理论基础和内在逻辑关联，尤其缺乏新文明类型视角的考量，因而研究的空间还需要进一步扩大。不容置疑，生态问题最基础的还是涉及人与自然的关系的问题，因而在推进社会主义生态文明观从理念到行动的落实是一个漫长的过程，这一过程中还存在需要解决的问题：例如，观念作为一种思想层面的内容，其变革并不总能与社会经济同步发展，而是存在滞后性的；某些生态资源作为公共资源存在产权不明晰的问题，这就造成传统生产方式下对自然资源的过度利用；在生产发展要素的投入方面转变传统经济发展方式，这就亟须创新驱动投资；让现行的"物质主义"生活方式作出改变尤其是在思想层面的改变并不是一朝一夕就能完成的。

1.2.3.2 可进一步探讨、发展或突破的空间

其一，可进一步加强对以绿色转型为目标的社会主义生态文明观的自觉性研究，自觉性主要是基于唯物史观来分析这一理论何以具有新文明的内涵。这一观念无疑是在马克思自然观中国化进程中不断孕育、形成和定型的，总的来说经历了一个从自为到自觉的成长过程，必须结合中国当下人与自然和谐共生的现代化实践语境才能导出理论上的自觉。西方学者较早注意到日益恶化的生态问题并开启了关于绿色经济和生态现代化等的研究；而中国的现代化进程和发展状况使得生态问题进一步上升到治国理政高度是党的十八大以后的事情，尽管新中国成立初期已经萌生了环境保护意识，但受制于当时严重的自然生态环境以及生产力水平，时代发展所规定的历史主要任务并非改善环境。上述因素使得在人和自然的关系探索充满曲折。从社会主义革命和建设到改革时期，在人与自然的关系的实践探索中逐步彰显自然环境具有的社会效益、经济效益和生态效益等满足人民群众优美生态环境需要的功能，从特定角度看，新文明之新也在于此。我们不否认这一观念形成初期受到严峻的生态环境现实的影响，但它绝非一种"刺激—反映"的被动条件式反射，也非西方社会旨在维护"资本"再次扩张的要求，而是彰显了以习近平同志为主要代表的中国共产党人的使命担当，并向世界生态治理贡献出独有的中国方案。

其二，可进一步加强以绿色转型为目标的社会主义生态文明观的"主体意识"研究，"主体意识"是一定社会关系形塑观念的结果。"人化自然"范围的日益扩大使得生态环境问题不再仅仅是自然内部的自我运动，而是关联着上层建筑层面尤其是人与人之间的关系。我们不能寄希望于仅仅通过改变理念就能解决生态问题；相反，我们应将社会主义生态文明观拓展到人，将人与人之间的冲突的制度性解决转变为追求人的自由而全面的发展，从而以社会主义生态文明观来发挥制度优势、政党优势等，以此来保障生态文明建设的实践成效。

其三，可进一步研究以绿色转型为目标的社会主义生态文明观引领下的新型"世界历史"发展潮流。当前以绿色发展为重要抓手的生态文明建设实践在国内和国际层面的统一上还存在问题，中国与西方发达资本主义国家之间的差异，使得在当前世界格局下如何就生态环境治理达成"共同但有区别的责任"存在障碍。社会主义制度是环境保护的前提而非充要条件，正是这种前提能够有效阻断现代化实践中产生的环境污染问题，具体生态环境状况应当结合本国的自然资源、地理环境以及其他社会因素条件进行分析。

综上，以下方面仍存在拓展空间：首先，开展社会主义生态文明观与西方生态社会主义以及其他国家的生态哲学理论对话，在横纵向交织、时空范畴内的对比中凸显生态文明观蕴含的中国特色社会主义的道路自信、制度自信、理论自信以及文化自信。其次，深入挖掘生态问题中蕴含的社会主义因素，考量其在何种意义上发展了经典社会主义理论，在何种意义上超越了同期西方国家生态环境状况的资本主义制度保障条件，在何种意义上适应变化了的国际状况等，阐明此问题有助于透视全球化时代科学社会主义的发展。最后，进一步深挖并弘扬社会主义生态文明观具有的世界意义，全球化发展的总体性影响着各个国家、民族和个人的生产、生活实践活动，为其他国家提供经验。从这个角度来讲，生态文明观根植于人的发展，因而能够成为引领历史发展与激发人的主观能动性的实践遵循；并且中国特色社会主义以对生态问题的解决而彰显社会主义制度优越性。

1.3 研究方法

在研究方法上，本书以马克思主义唯物史观和辩证法为指导，以历史和逻辑相统一的方法进行分析、归纳、演绎和综合，进而拓展社会主义生态文明观的研究。具体而言，主要采用如下方法：

文献研究法。与文本分析法、文献分析法相同，皆通过对经典文本的考察来了解某一理论的创立过程，包括理论的提出、确立和修订等完整过程，最大可能对该理论进行"复原式构境"[1]，进而扫清存在于文本或者文献中的理论迷障。任何理论及理论构型都产生于特定的历史情境，时代条件和社会实践的变化不可避免地会遮蔽理论原貌，因而借助经典文献返回特定历史境况是最为直接和便捷的方式。尽管这一返回中由于文化、地域以及时代等差异而存在重重困难，但研究者自身关于马克思主义的理论素养将在跨越障碍后得到明显提升。就此而言，整理、阅读和思考经典著作文献的方法接近于"历史与逻辑"中的"历史"一端，因为文本考察的前提要求研究者必须对当时的历史情境有一个清楚的了解和定位。"以绿色转型为目标的社会主义生态文明观"围绕马克思自然观生态意蕴的分析框架和基本观点展开，在确立这一逻辑前提之后，通过对马克思主义经典作家中关于生态问题的相关论述、中华优秀传统文化中关于生态哲学的相关论著、西方生态哲学家的相关著作、中国发布的相关的制度法规文件以及国内外有代表性的学术报告、论文、会议纪要等进行分类整理，梳理社会主义生态文明观理论和实践的历史演进，进而深入分析以绿色转型为目标的社会主义生态文明观如何引领生产方式、经济结构、生活方式的变革。其中，值得注意的是对待西方马克思主义乃至西方生态哲学的著作，应当采用学术而非纯粹的意识形态的立场，因为其中涉及的环境经济学、环境政治学和生态哲学等相关理论有助于优化社会主义生态文明观的理论架构、确立条件和时代表达，更好把握"社会主义生态文明观"问题研究的脉络与需要继续深入研究的领域。任何一种理论的科学性均在于

---

[1] 张一兵：《物象化图景与事的世界观——广松涉哲学的构境论研究》，天津人民出版社 2020 年版。

理论自身的开放性而非封闭性，对某种理论的批判反思和超越必须以了解为前提。

历史与逻辑相统一的分析法。历史与逻辑相统一的方法是马克思主义方法论中非常重要的一种，历史的方法尤其要求深入把握过去实践活动中的诸要素和材料。但由于感性材料的复杂繁多，因而选取什么和弃置什么就要求以一定的结构和方式对其进行整理，这里的结构和方式就是理论逻辑的方法。马克思曾对历史与逻辑的方式作出肯定，"第二条道路上，抽象的规定在思维行程中导致具体的再现"，[1]这里的"具体"就是对于社会历史复杂性材料的把握，而"抽象的规定"可视为理论逻辑，那么从抽象上升为具体则为现实社会运动过程（过去）通过理论逻辑构式得以显现，因而"逻辑是对历史的理解，而历史的再现则是通过逻辑的方式反映的"。[2]这就是历史与逻辑相统一的具体内涵。例如本书第 2 章第 1 节在分析马克思自然观的生态意蕴时，首先就马克思自然观的方法论变革作出说明，通过辨明从哲学革命到政治经济学批判的方法为马克思批判资本主义社会中的生态问题、构建共产主义社会中的"两个和解"奠定基调，帮助读者在马克思诸多文本中沿着政治经济学批判的主线抽取与生态问题相关的历史材料。本书第 3 章第 2 节主要延循历史发展脉络回顾了这一观念体系的发生过程，毫无疑问，长时间历史跨度会形成诸多关于生态环境问题的概念和表述，因而在纷繁的历史材料中必须能够以某种理论逻辑进行筛选，这里遵循的逻辑框架实则

---

[1]《马克思恩格斯文集》第 8 卷，人民出版社 2009 年版，第 25 页。

[2] 张雷声：《关于理论逻辑、历史逻辑、实践逻辑相统一的思考——兼论马克思主义整体性研究》，《马克思主义研究》2019 年第 9 期。

为第 3 节的内容，即从时间维度上我们党看待自然地位的变化、在空间维度上将生态问题上升为国家战略布局的过程、在价值维度上如何解决生态问题来保障人的自由而全面的发展，以及在国际层面上如何为全球生态问题贡献中国方案。如果将这一理论逻辑作为"问题研究的结构或者构想的结构"，结构本身的转换也意味着问题材料选择的不同，对历史与逻辑关系作此理解就接近阿尔都塞所谓问题式的理论生产方式。[1]总的来说，研究历史是为了"以史为鉴"，在研究中所产生的新的理论主要是面向现在和未来，只有在经验表象中提炼出具有普遍性的理论，才能在世界范围内开启"新的文明类型"，并为其他国家的生态治理提供参照。

比较分析法。比较分析法是认知事物异同关系的重要思维方式，要求在寻找两个或多个事物之间共性的同时，还要突出不同事物的个性。各个国家的经济水平、政治制度、历史文化因为不尽相同，所以对生态问题的治理和形成的观念会有所差异。西方文明所确立的一系列政治制度、思想观念、生产方式曾一度被视为发展现代化的样板，然而历经几个世纪的发展，西方文明逐渐展露出自身的缺陷：在生态领域内则表现为环境问题的持续恶化和全球生态问题的加速扩散。这一过程中存在部分发达资本主义国家具有优美生态环境和生活环境的事实，但仍不能忽略这一事实背后的生态殖民问题。另外，尽管后期西方社会也着手对生态环境这一威胁人类基本生存的问题进行解决，但采用的治理模式、观念理念都和中国存在较大不同，因而本书第 5 章所分析

---

[1] 张一兵:《问题式、症候阅读与意识形态——关于阿尔都塞的一种文本学解读》，中央编译出版社 2003 年版。

的社会主义生态文明观"以人民为中心"的价值立场的隐形逻辑线索为：与西方资本主义国家"以资本为中心"的立场形成对比，中国共产党领导的实现民族复兴梦、推进现代化实践以及所走的社会主义道路都牢牢坚持"以人民为中心"的逻辑立场，三者统一于更好满足新时代人民日益增长的优美生态环境需要；本书第6章将中国语境下的生产方式绿色转型与资本主义国家的"绿色经济"或者说"生态资本主义"作了对比；第7章将生态公民的培育和西方市场经济中的"经济理性人"作了对比。以上对比的目的在于说明这种差异背后的制度原因和政治领导力量，从而进一步彰显中国特色社会主义的制度、道路、文化和理论优势。

第 2 章　社会主义生态文明观的理论溯源

以绿色转型为目标的社会主义生态文明观根植于生态文明建设实践的中国场域，总体上是中国对以生态自然为圆心所牵引出的经济、政治、社会以及文明等系列问题的认识和观念。其中，生态文明建设实践具有的社会历史性特征，决定了与之相符合的观念绝非静态和封闭的体系，而是具有在发展中获得连续性和批判性的特质。就此层面而言，追溯以绿色转型为目标的社会主义生态文明观的理论源头，应当从马克思自然观的生态意蕴、中华传统生态哲学文化以及外来西方生态哲学理论三个维度加以分析：马克思自然观的生态意蕴作为理论基石，彰显以绿色转型为目标的社会主义生态文明观是科学性与价值性的统一；中华文化蕴含的生态哲学作为文化底蕴，彰显以绿色转型为目标的社会主义生态文明观的历史连续性特质；西方生态哲学理论作为外来借鉴，彰显以绿色转型为目标的社会主义生态文明观的批判性特质。

2.1　理论基石：马克思自然观的生态意蕴

自然观从根本上说是人类对自身与自然的关系的总的看法

和根本观点，不同的自然观决定了对待自然的不同行为方式。例如，黑格尔自然观由于从观念中把握人与自然的关系，人与自然在精神运动中的"辩证关系"服务于最高"理念"本身；费尔巴哈自然观相比于黑格尔前进了一步，至少从感性现实层面把握人与自然的关系，但由于抛弃辩证法中的能动内核而沦为"贫瘠"的唯物主义。马克思自然观以实践唯物主义或者历史唯物主义分析生态问题具有科学性，此种自然观要求人类实践活动应当遵循自然规律。但如果仅看到这一方面则会忽略马克思自然观具有的价值性，而这种价值性正是由马克思自然观的生态意蕴所赋予的。换言之，讨论马克思自然观的生态意蕴实要落脚在以生态学视角观照个体生命本质的要求上。

目前学界普遍认为马克思理论中存在生态学"理论空场"的说法具有"非批判的实证主义"倾向。借用黑格尔的话评价这种说法，即"只知道一般知性原则并且懂得将这一原则强加到任何社会历史内容之上"，因而从未深入到"社会历史之现实"那一层。马克思涉及人与自然以及人与人的关系的论述较为零散，并将其内嵌于不同社会有机体结构中，并且这位革命导师并未直接系统就自然观的生态意蕴进行专章论述。造成这一现象的原因在于，虽然人与自然关系自古存在，但生态问题的凸显是现代社会发展起来才有的事情，在马克思所生活的时代，经济问题而非生态问题才是社会矛盾的"主要爆破点"。事实上，回到马克思对于人与自然的关系作出论述的历史语境，并抓住如下逻辑思路就能更好理解马克思自然观的生态意蕴了，即：把握作为人与自然的关系革命起点的物质生产实践，以批判资本主义生产方式制造的人与自然和人与人的异化关系为核心要义，在此基础上理解

"两个和解"的愿景目标。

2.1.1 方法奠基：马克思自然观的方法论变革

若想完整准确地把握马克思自然观，必须对马克思所历经的哲学革命有所认知，借助方法论的依据的转换才能打开哲学革命通道。法国哲学家阿尔都塞曾经使用"断裂"一词描述马克思前后期思想的变化，按此逻辑，马克思自然观也必定出现前后"断裂"的现象。一个事实是马克思原有的费尔巴哈人本主义哲学思想底色后来被"社会历史之现实"观点所替代，因创立实践唯物主义而与旧的形而上学哲学传统区分开。然而一旦理解马克思从哲学到政治经济学批判的方法论转向，便清楚知道无论是马克思思想，还是马克思自然观均不存在实质性"断裂"，前后期哲学主导逻辑框架的不同仅体现马克思对原有思想认知局限的反思。

厘清马克思对作为研究对象的不同的自然的区分，是我们考察他使用的方法论的前提。尽管马克思、恩格斯在不同历史语境或者经典文本中对旧的机械自然观有所论述，但并没有系统论述自己所创立的新自然观的生态意蕴。这里可以借助贯穿于马克思自然观中不变的理论主线（追求人的自由而全面的发展或者人类解放的事业），以及坚守这一理论主线的唯物史观立场来加深理解。就西方自然观的历史演进而言，古希腊哲人将自然作为万物的本源或存在者背后的"根据"；而随着中世纪基督教的壮大以及自然科学的发展，自然的地位从"存在"跌落为"存在者"，作为"存在者"的自然不仅不再具有高高在上的有机的目的论色彩，反而成为"理性"宰制的对象并失去原始力量，后来海德格尔将这种近代机械论的自然观理解为"恰恰遗忘了作为原始意义的存在（即自然）本身"。[1]如果说古希腊自然观具有高于现实的价值位阶的"理想性"色彩，近代自然观则沦落为服务于人类认识经验的工具和手段，这两种路径的缺陷均在于"分有"自然观理念进而将彼此作为不可兼容的对立面，并忽视对人的本质的真正思考。"自然"在马克思的语境中通过批判资本主义社会和建构共产主义社会两种方式获得"科学性"和"价值性"，并且两种特质通过"社会历史之实践"而实现统一，即无论是生态自然还是人化自然，一方面要遵从客观自然规律，另一方面要在存在论意义上向人敞开价值。换言之，作为一种"时代哲学"，马克思自然观不仅要审视、剖析两者的异化关系现实，还要在历史发展的必然趋势中追求两者和谐统一关系的应然理想。

马克思早期在哲学层面上就已经对人与自然的关系问题展开初步探索。马克思的中学毕业作文从康德和费希特的"主观自由"维度出发考察了人与动物对于自然态度的差异，此种主观精神原则渗透着人与客观世界、个体与社会等客观关系的维度，这种现实性为日后马克思在自然问题分析上的科学性埋下了萌芽。后来受制于"现实的东西和应有的东西之间的对立"的困惑，马克思转向黑格尔汲取弥合二者差异的辩证法理论资源。他在博士论文中一方面赞扬伊壁鸠鲁自然哲学的进步性，由于"原子偏斜运动"作为主体脱离物质性定在特征的规定，其中蕴含的"主体精神"超越德谟克利特机械决定论哲学中关于人与自然关系的看法；另一方面将关于个人自由的思考与"共同体"联系起来，人的选择自由使得其距离受制于生物本性的动物越来越远，这

----

[1]　宋友文：《西方自然观念的嬗变与近代政治哲学问题》，《学术月刊》2010年第4期。

种对"自由"的定义从存在论层面上延伸了对人与自然的认识关系。然而"纠葛"与认识同样深刻。《莱茵报》时期，马克思看到现实中"伦理国家"屈从于"下流唯物主义"及黄金拜物教现象却有违人的自由进步本性，曾出现在人类史尚未与自然史脱离时期的个人或者共同体的自然物化崇拜仍在上演，此种"物质利益的纠葛"，促使他认识到从哲学层面反思人与自然、人与人的关系问题必然要加入政治范畴，[1] 由此对市民社会批判的任务要求其在方法上必须从原有的黑格尔法哲学批判转入政治经济学批判：原来政治解放带来的自由仅仅是有产者的自由，决非普遍的大多数人的自由。由于无产阶级不能从自己所创造的货币、商品以及资本中获得自由，市民社会作为有产者对无产者的统治结构，也必然会带来前者对后者生产资料和生活资料的剥夺，这种不平等关系反而加剧"虚幻共同体"的异化程度。

马克思认识到分析资本主义社会中的异化关系只能借助于"劳动"概念。因为造成无产阶级在资产阶级和自然对象面前丧失主体地位的既不是神也不是自然界，而是工人自身的异化劳动及作为其结果的私有财产，古典政治经济学中的"劳动"这一核心概念使马克思把握住生态问题的社会原因。到了思想成熟时期，马克思更是自觉深入到"社会历史之现实"层面来解决如何归还"生存"工具自然的存在意义问题，但解决的可能性只能到生产力和生产关系的永恒矛盾运动中去寻找。换言之，把握"劳动实践"的二重性是解决问题的突破口。尤其是当现存的"是"与"应当"存在差距之时，不仅要肯定现存物质生产条件的进步

---

[1] 杜仕菊、程明月：《马克思共同体思想：起点、要义及愿景旨归》，《马克思主义理论学科研究》2019 年第 6 期。

性，还要构建与进步生产力相适应的社会生产关系，这才是真正共同体即共产主义社会具有的状态。综上，马克思自然观所使用的方法论历经不同思想时期的变革，但始终致力于实现人与自然、人与人的和谐共生关系，其中，"自然"经由主体自由视域转而进入政治经济学批判领域，也是马克思自然观思想发展的必然。

2.1.2　核心要义：马克思自然观对生态问题的批判逻辑

马克思自然观中讨论自然与人的对象性关系离不开"感性—对象性活动"，无论和谐还是异化状态皆为人类实践活动的结果，并反向制约着人的生命活动存在。认识资本主义生产方式下人与自然的异化、剖析"异化"关系根源、达到两者的"和解"进而重新安顿人的生命，是马克思自然观生态意蕴一以贯之的逻辑线索。在此过程中，马克思展开对资本逻辑"合法化"及自然的"形而上学化"的批判，这构成马克思自然观对生态问题的批判逻辑。

生态问题是非历史性存在的问题。自然界产生伊始就进行着内部的物质循环变换，然而随着资本产生及"虚幻共同体"对资本合法性地位的确立，生态危机由潜在状态变为现实可能。尽管生态问题在马克思生活的时代并未真正凸显，但这毫不影响马克思自然观生态意蕴的深刻性，其深刻之处在于，马克思结合资本主义社会的特定"社会历史现实"剖析人与自然、人与人的矛盾何以发生。本节大致从"资本逻辑"的客观运行、作为政治实体组织的"虚幻共同体"，以及旧自然观的形而上学哲学基础三个层面展开具体分析。

资本逻辑逆生态性的发生机制如下：一方面，资本只有获得物质性力量才能转化为推动自身增殖的动力，通过"资本化"手段将客观物质纳入生产过程之中成为迫切要求。尽管自然资源具有维持全体人类生命资料的"共享性"特征，但仍然不能免于被"商品化"的命运。另一方面，资本作为一种社会关系享有对自然资源的配置权力。社会关系的现实化途径必须借助客观物质方可实现，自然界的自然力由于"不费分文"而成为资本竞相盘剥的对象，在资本积累的时效性与自然资源再生产的长期性之间形成悖论。此外，生产力的持续发展提高了科学技术成为资本掠夺自然"帮凶"的可能性。事实上，科学技术作为人类认识与改造自然的工具并非天然具有"负外部性"，甚至在人类文明发展早期其正面作用表现为对社会财富的撬动，只是随着资本逻辑对自然和社会的逐步控制，科技才沦为服务于资本的工具，并不断"逼索"自然。由此可知，科技并不必然带来生态问题，但科技被谁使用则关联着生态问题。科技进步的"杰文斯悖论"启示我们思考走出生态困境的另一条出路——尝试改变资本背后的"社会关系"，这样才能引导人类文明踏上经济与生态相统一的前进道路。

　　"资本逻辑"的发生机制毕竟与"虚幻共同体"存在差异。如果说前者标志着货币、资本通约自然价值成为社会通行的法则，后者则通过政治机构、法律制度等实体组织将特殊利益上升为普遍利益，进而给出资本展开自然资源掠夺的合法性。"国家机器是一个多维度的冲突区域或平台"，[1]代表"共同利益"的国家这种政治结构的出现，既是自发分工取代原始分工的产物，同时也

---

　　[1]　[德]乌尔里希·布兰德等著：《资本主义自然的限度：帝国式生活方式的理论阐释及其超越》，郇庆治等译，中国环境出版集团2019年版，第53页。

表明市民社会中存在不可调和的利益冲突。"虚幻共同体"的本质恰恰在于（虚幻性在于以普遍性形式维持有产者的特殊利益）通过制定法律确证私有财产的合法性，"作为一个特殊实体的概念，即为资本积累创造政治—法律框架"。[1]换言之，资本主义制度解决不了生态问题。生态问题的发生还与资本主义制度条件下自然资源的存在方式有关。马克思曾言大批个人变为可能的自由雇佣工人这一解体的过程，"在另一方面所要求的，不是这些个人以前的收入来源和部分财产条件的消失，相反地，只是它们的使用有所不同，它们的存在方式改变了"，[2]这里提及的"部分财产条件"正是包括土地、原料等在内的自然劳动条件。从上层建筑、意识形态等生产关系层面来看，"虚幻共同体"改变了自然劳动条件的共有性质，将其使用价值转变为以"价格"形式表现出的交换价值，并作为资本家的私有财产投入到自由市场机制中实现增殖。同时，还要看到雇佣劳动与自然资源一同创造财富的作用。洛克认为共有地"经济"价值极少，而斯密论证租地农民对于土地改良尤为重要，事实上古典经济学家论证了在自然资源变革的条件下引入雇佣劳动的必要性。就此而言，自然资源的存在方式和人的生存方式的变革是资本主义兴起的支柱，只有在雇佣劳动与生产资料分离的前提下，并且雇佣劳动和自然资源一并为资本家所有，资本家才能合法占有由二者结合所创造的劳动成果。加之私有制对自然资源和雇佣劳动的制度确认，进一步增强了上述做法的合法性。可以说在上述充满了血与火的战

---

[1]［德］乌尔里希·布兰德等著：《资本主义自然的限度：帝国式生活方式的理论阐释及其超越》，郇庆治等译，中国环境出版集团 2019 年版，第 53 页。

[2]《马克思恩格斯全集》第 46 卷（上），人民出版社 1979 年版，第 505 页。

争中，正是"历史恶的动力促成私有财产的出现"。

资本逻辑及"虚幻共同体"合法性地位确立的哲学根基在于旧形而上学的自然观。从资本逻辑深入旧自然观的批判不仅符合思维方式从感性深入到理性的认知规律，更为紧要的是，作为现代性遭遇的生态问题可以说直至今日仍或多或少受制于旧世界观和方法论，而这种影响并未被马克思批判旧自然观所终结。**一方面**，马克思完成自然概念的唯物主义分析始于批判"抽象自然"。作为"形而上学之一切"的黑格尔哲学不仅没有调和主客对立，反而加剧了近代形而上学主—客之间的冲突。自笛卡尔开始，尽管物质世界尤其是自然界在人类认识活动中被驱逐到"边缘"，并接受主体的拷问，但"我思"作为封闭的区域却始终有着对于内容的渴望，这种渴望到了黑格尔时期获得了某种解决。黑格尔希望构造出精致的圆圈运动填补自笛卡尔以来"主—客"二元对立的沟壑，希望以"客观精神"的实现来拯救封闭区域的"我思"，然而他的努力不外乎"密纳发"那只在黄昏后起飞的猫头鹰，那被抽象理解的自然对人来说也是"无"。为此，非感性的自然成为马克思的批判对象。**另一方面**，马克思为自然概念找到社会历史性存在是通过批判"非历史自然"完成的。费尔巴哈作为庸俗的唯物主义者，其对"感性—对象性自然"的推崇将哲学从"天国"拉回"人间"，但马克思发现，费尔巴哈的自然由于缺乏"历史性"原则而表现出"惊人的贫乏"。实际上，自"历史性"原则在黑格尔哲学中被确立以后，任何试图重返"非历史"的哲学均会犯时代的错误，费尔巴哈将自然与历史相对立、使自然成为"非历史的自然"就是一种时代错误。为此，马克思深刻指出，"现实的自然"作为具有社会历史根基的自然，是在人类社会历史发展中生成的自然界，是人的现实的自然界。当前资本主义社会生产条件下的异化劳动不能创造人与自然的真正统一，这种统一的实现以消灭资本主义社会生产条件为前提。

2.1.3　价值旨归：马克思自然观生态意蕴的建构逻辑

马克思自然观的生态意蕴着眼于对个体生命状况的价值关切，呈现出人类社会整体进步的禀赋。追求上述价值实现的过程即为马克思自然观生态意蕴的建构逻辑。就与价值无涉的狭义事实层面而言，作为客观存在的物质自然是人类发展的生态基础，而一旦从价值层面考察人与自然的关系就牵引出人与人的关系。只有实现人、自然、社会之间的和谐共生，才能反哺个体自由自觉生命活动的本质；只有从人与人关系角度分析人与自然的问题，才能唤醒变革社会制度的无产阶级的主体意识；只有从变革社会制度的角度出发，才能理解马克思自然观的生态意蕴。

承认"生态正义"即人与自然的关系以及人与人的关系的双重和解是马克思自然观生态意蕴的逻辑主线。生态危机源于资本逻辑以及现代性意识形态，而此二者作为现代社会的本质规定进而确证了人与人之间的利益分化关系，因此"虚假共同体"层面的"正义"原则不过是为社会中经济自由运行提供的"形式"保障。马克思一针见血地指出，资本主义的"正义原则"不过是现代性塑造的意识形态神话，由于褫夺了"正义"产生的社会实体性内容而成为可运用到任何时代的"普遍原则"。评判"正义"与否的标准在于"只要与生产方式相适应，相一致，就是正义的；只要与生产方式相矛盾，就是非正义的"。[1]资本主义社会中由生产资料私人占有、雇佣劳动所决定的人与人之间弄虚作假的关

---

[1]　李惠斌、李义天：《马克思与正义理论》，人民大学出版社2010年版，第13页。

系，显然与资本主义生产方式不一致，因而是非正义的。需要澄清的是，如果承认生态正义的内容，尤其将适用于人与人的伦理原则推广到人与自然的关系时，是否意味着马克思赞同为了维护人的生态利益而征服自然，并可据此视其为"人类中心主义"者呢？事实上，人是一种自然存在物，自由自觉的劳动也是人类在长期进化过程中，由历史自然赋予人类的、区别于动物所属的那个种的能力，因而人类以自我决定的方式对待自然恰恰是对自然本身的尊重；相反，人类像动物一样顺从自然却成为"非自然"的了。上述分析也为马克思将"正义"引入人与自然的关系层面提供了合法性支撑。恰恰基于劳动实践活动，人类也只能从人的立场而非自然"内在价值"、从人的利益而非自然"利益"来处理人与自然的关系。进一步言之，我们承认存在人类生态利益，但反对将以个体本位和少数人本位为代表的特殊群体利益置于优先地位，这种优先会将自然作为满足个人或少数人私利的手段，不仅遮蔽每一个人与自然之间全方位和多层次的联系，也会有损于全体当代人与后代人之间的生态正义。事实上，马克思从"人的立场"出发，在承认自然具有的工具性手段的同时又不将二者关系局限于此，借用岩佐茂的话来说："并不否定为了人类的生存而把其他生物以及自然手段化这一事实，但它并不仅以这种关系面对其他生物和自然，而是把自然的手段化视为人与自然之间的多方面的、多样化关系中的一种，并尊重自然的生态系保护以及其他生命"。[1]

同时，也不能忽视"自由人的联合体"为实现生态正义提供

---

[1] [日]岩佐茂：《环境的思想与伦理》，冯雷、李欣荣等译，中央编译出版社2011年版，第153页。

的制度背景。资本主义私有制是人与人之间利益不对等的体现，市民社会或经济领域中的私有制与国家的关系在于，私有制借国家之力为经济自由运行提供外在保障。只有消灭资本主义私有制、建立"自由人的联合体"才能消除对自然资源的私有性占有，并一定程度上缓和人与人之间的利益分化。由上文的分析得知，利益分化以及私有制产生于前资本主义社会，这里并不是说消灭私有制一定能够消解利益分化，但是所有制的性质的确影响共同体中人与人的关系的样态。但我们要时刻记得"自我异化的扬弃同自我异化走的是同一条道路"，[1]为此在批判资本主义作为"万恶之源"时，不应忘记资本主义社会的生产力为下一阶段"自由人的联合体"所准备的物质基础。马克思专门描绘"自由人的联合体"中联合起来的劳动者实现了与自然资源的直接结合的状态，并将上述自然条件作为共同的生产资料来从事生产、管理和分配活动等，这在《资本论》中被描述为："这个联合体的总产品是一个社会产品。这个产品的一部分重新用作生产资料。这一部分依旧是社会的。而另一部分则作为生活资料由联合体成员消费。"[2]换言之，"自由人的联合体"是建立在物质条件极大丰富基础之上的"联合起来的个人"所有制，因此某种程度上消除了由阶级统治和雇佣劳动带来的不平等的社会自然物质关系和社会关系。一旦劳动者不再处于"社会化生产"造成的"普遍异化"状况，劳动成为自由自觉劳动的时候，劳动者就可以共同分享社会所创造的物质成果。此外，人与自然的关系也随着自由人的联合体中人与人的异化关系的消解，重新达成和谐发展的平

---

[1]《马克思恩格斯文集》第 1 卷，人民出版社 2009 年版，第 182 页。
[2]《马克思恩格斯文集》第 5 卷，人民出版社 2009 年版，第 96 页。

衡。当然这种新平衡绝非重回"自然共同体"中人与自然的协调关系，而是在发达生产力基础之上的质的飞跃：自然和人之间不再只是支配和被支配的关系，相反，自然上升为人的情感对象和意志对象，人与自然的关系真正成为"现实的"或"自由自觉的实践"的结果。

关键在于，无产阶级作为变革现实社会的主体力量和物质力量，只有在展开的革命实践活动中才能享有"自由人的联合体"中的生态正义。无产阶级能够承担这一历史性任务的原因在于，作为处于社会底层被剥削的阶级，首当其冲并最大程度承受着生态问题的代价，因而不对整个社会进行变革，就不能解放自身。资本家凭借拥有的权力攫取着优美的生态、生产和生活空间，相反，无产阶级却被边缘化而处于恶劣的生产和生活环境之中，承受着资本发展造成的环境代价：此种代价在资本发展起步阶段由国内处于财富分配逻辑底端的穷苦大众承受；资本中后期阶段的地理空间扩张则使主体转移到经济欠发达地区的人民群众身上。恩格斯早期的《乌培河谷的来信》展现了工人缺乏良好生态环境的身心状态：不仅要忍受恶劣的工作环境和生活环境，例如"烟雾弥漫"的工厂，"得不到清洁处理的垃圾"以及"红色波浪"的狭窄河流；还要以酗酒来麻痹产生的"最激烈的情绪波动"。那个作为资产阶级噱头的"欧斯曼计划"也仅仅只是转移工人脱离传染病发源地和极恶劣的洞穴条件，并未根本解决工人的住宅问题。正是资本主义在内部孕育了它自己的掘墓人——无产阶级，若非如此，无产阶级不会深刻体会到：由被压迫阶级上升为历史主体、摆脱统治阶级的枷锁以及恶劣的生态环境，必须诉诸"革命的实践"活动。上述实践要求：在实际推翻具有剥削性质的社会关系的同时还要继承资本主义生产方式所创造的社会成果。相比之下，一种主张通过改变人的生态伦理道德来维护生态环境的做法不过是乌托邦想象。事实上，马克思早在批判德国庸俗哲学家的时候就认识到，特定道德观念、法律等意识形式不过是社会存在在主体意识上的回响与反射，不消灭物质生活本身便无法改变社会意识存在的土壤。最终，无产阶级作为促成"两个和解"局面实现的政治主体力量，其重要性、现实性和必要性就在于具备将"批判的理论"转化为变革现实"物质力量"的能力。

2.2　文化底蕴：中国传统文化的生态哲思

中国古代农耕社会所孕育的传统文化中含有丰富的生态哲学智慧，尊重自然规律、敬畏自然以及人与自然和谐统一的状态在生态问题凸显的现时代仍然启人深思。人和自然的"一体"关系最早萌芽于中华传统生态文化。但在给予古老生态智慧以高度肯定的同时，也要客观看待其因受到低下生产力束缚而带有的局限性，这种"混沌未开"的人和自然状态类似于古希腊朴素辩证法时期的哲学。具体言之，我们挖掘传统文化中优秀的"生态哲思"，并不意味着对于传统文化的全盘接受，就其将人与自然同置于客体地位的价值立场来说，自然总体上仍服务于封建君主统治百姓的目的，这也是哲学受时代状况所限的结果。在人类面临日趋严重的生态危机的境况下，挖掘中国传统文化中的生态哲思，无论是对中国还是全世界均具有重要意义。下面简要分析道家、佛教和儒家思想中关于"自然"的表述，并希望从中发掘生态智慧。

2.2.1 "道法自然"：自然逻辑先在性的最高义

"自然"一词不见于《论语》《孟子》，是老庄哲学特有的范畴。[1]"自然"概念在以老子为代表的道家思想中具有至高至上的地位，即最高义。例如《老子》将"人、地、天、道"合称为"四大"，其中的关系是"人法地，地法天，天法道，道法自然"，后一概念均是对前一概念的超越，而道所取法的"自然"获得了最高含义。老子哲学语境中的"自然"强调的是原本如此的、自然而然的状态，与客观物质环境意义上的自然有区别，后者作为惯常使用的概念是科学研究的对象，在西方出现得较晚。尽管老子思想中没有直接保护自然的生态智慧，但可从其关于"自然"的表述中推出其自然观和社会观。解读老子的"自然本体论"有助于在把握道家精神实质的基础上解答时代的"自然之问"。

首先，最高义层面的"自然"在老子的思想中等于本原。"自然"作为本来如此的状态，可以借助"无为"的方法达至并延续这种状态，因此老子使用"无为"的次数远超"自然"。为了进一步认识"自然"的最义，必须对当前存在的看法进行梳理：一种观点认为老子思想上的"自然"为"无为"作注，另一种观点直接将两者概念等同，认为无为观念，就是只顺其自然而不加以人为的意思。[2]事实上两个概念尽管指向同一方向，但存在如下差异："自然"在肯定层面上强调事物处于原始状态，而否定层面上限制主体的行为则用"无为"来表达，例如主体追求名利的行为；"自然"概念通用于各领域，但涉及人类社会生活范围时则

---

[1] 袁行霈：《陶渊明的哲学思考》，《国学研究》第1卷，北京大学出版社1993年版。
[2] 陈鼓应：《老庄新论》，商务印书馆2008年版。

使用"无为"，正因如此，"无为"与"道"并举时，道就沾染上一种拟人色彩。如果说"自然"具有形而上学的意义和色彩，那么"无为"带有形而下的实践论特征。另外，"自然"作为老子哲学思想中的最高义，也可用相近概念表述。例如，"自化"概念也标识自然而然的变化过程，老子曾用"自化"描述统治者与被统治者间的关系，认为君王可以通过无为的方法达到教化民众目的。与此相近的还有"见素抱朴"，也表达尊崇"自然"之义。老子对儒家之礼的批评也源于此，在其看来，"失道而后德，失德而后仁，失仁而后义，失义而后礼"，只有自然而然的状态才是值得追求的价值标准和行为准绳。

其次，理解"自然"的最高义有助于破除神学宗教观，培养了正确看待世界的认知。殷周以来基于上帝和宗教神学的世界观钳制着被统治者的思想，人的人生观和价值观都以"神学"为轴心；而老子用"自然"讲述了天地人道的共同遵循，并进一步阐明万物演变和生命形成的原因。我们继续沿着这个思路向下追寻：一方面我们肯定"自然"作为适用于普遍领域的自然而然的状态，另一方面于特定历史背景之中的人而言，世界终究是人所生活的世界。离开了"人"这一讨论对象，自然而然的状态仍然存在，但这种状态由于失却价值色彩而变得"暗淡无光"，因此不应当忽视形而下层面、作为人类"寓身之所"的物理自然。这里需要廓清一个认识误区，即后一方面的实体自然绝非自然客体，因为"客体"一定有作为对立面的"主体"存在，这就重新陷入西方形而上学的认识论窠臼。这样一种理解也不是仍处于前主体哲学阶段老子自然观的本意。

最后，围绕人类社会达到"人与万物、人与社会和人自身和谐"是老子自然观的题中应有之义。简要回顾上面提到的"自然"状态，大致有"自己如此、本来如此和势当如此"[1]的意思，其对于优化人类社会具有深刻价值意蕴：一是提示人与万物和谐共处。中国原始社会和农业社会中自然自身调节阈值远超越人类活动限度，人生活的环境更多以自然原貌的状态存在，在温情脉脉的社会中，万物按照原本如此的方式运行而不被人为干涉和强行改变。同时，人置身于自然并与自然同时取法"自然"原初状态，这是刘笑敢所说的"等观天人"而非"以人观之"的立场。只有尊重"道"之"自然无为"，才能实现"道生万物"以及"万物同源"。二是提示人与社会之间和谐共处。老子哲学的逻辑是通过君王统治之术论述"人之道"：对君王而言，应当实施"无为之治"以便使百姓生活达到不受外在强制力约束的、自然而然的状态，即"大上，下知有之；其次，亲而誉之；其下，辱之。……功成事遂，百姓皆谓我自然"。对大众而言，社会风气上要自爱而不"自贵"，不应当"绝仁弃义"，做人方面应当减少私欲，杜绝巧利，才能达到"邻国相望，鸡犬之声相闻，民至老死不相往来"。三是提示人与自身保持和谐。"圣人"是每个人所能达到的至高境界，不仅能"为而不争"，并且能遵道而行，实现修养自身与治国安民相统一。社会现实之所以混乱，源于社会上广泛流行"损不足而奉有余"的竞争规则，导致人与人之间无不相争，此外，统治者阶层追求"声色犬马"的"妄为"也严重影响百姓生活。事实上，只有"不争"才能达到"莫能与之争"的状态，体现在行动上就是"辅万物之自然"，其中的道理就在于"是以圣人欲不欲，不贵难得之货，学不学，复众人之所过，以辅万物之自然而不敢为"。

---

[1] 刘笑敢：《试论老子哲学的中心价值》，《中州学刊》1995 年第 2 期。

　　总而言之，老子自然观以"道法自然"为最高原则，"自然"不仅占据价值本体的最高位，而且要求人以"无为"之行达到事物存在的原本状态。人与自然、人与人以及人与自身的关系向"自然"最高义的敞开即表现为遵循内在规律。

2.2.2　"众生平等"：自然内部要素关联的整体义

　　中国古代传统文化中除了有"道法自然"的道家生态智慧，还有佛教对自然问题鞭辟入里的分析，如"不杀生""众生平等"等相关论述中蕴含着丰富的自然伦理或生态伦理观念。尽管以上生态智慧确实成为西方现代环境伦理学或者生态伦理学的思想资源，并为学界大多数学者所肯认，但在这里必须提示二者在哲学范式上的差异性原则，[1]因为挖掘任何一种思想观念的有效性资源进而使其上升为普遍原则的努力均必须以承认特殊性为前提。与此同时，在魏晋时期佛教自然观逐渐产生影响的过程中，出现了佛教与道家思想的义理之辨，其主要表现为围绕"因缘"和"自然"展开的"佛道之争"，本质上涉及"华夷之辨"：即"魏晋以来虽因玄佛二家合流，而华戎之界不严。然自汉以后，又因佛道二教分流，而夷夏之争以起"。深入某一思想产生与发展的历史语境有助于全面把握佛教对于自然的理解，本节主要从"众生平等"的整体义对佛教自然观作出考察。

　　首先，佛教的"因缘论"或"缘起论"构成自然观的逻辑起点。与道家将自然作为独立运行、自然而然的最高状态不同，佛

---

　　[1]　道家、佛家以及儒家思想作为中国传统文化三大基本组成部分，属于前主体哲学阶段；而西方环境伦理学等相关思潮旨在反对西方主客二分哲学范式，从而在更高阶段上"复归"主客同一哲学，因而二者看似相同，实质上存在根本差异。

教从"因缘"角度出发将自然作为实践方法，认为"缘合"相比"自然"更容易使人达到圣人境界。具体说来，佛教对道家自然的批判主要就在于其不具有社会教化和社会功用的意义。如南北朝时期，甄鸾认为道家的无为而无不为的实践论，由于缺乏因果推论实际上本身是一种悖论，《笑道论》因此评说"未知道家所列四果十仙，明与佛同，修行因缘未见其说。然道家所修，吸气冲天，饮水证道，闻法飞空，饵草尸解，行业既殊，证果理异"，此外"自然"作为普遍状态的运动也与个体生命实践活动之间存在断裂，因而无法在个体生命中窥见自然的普遍特征。后世一些思想家如道安从因果报应理论、真观从三报论、智𫖮大师从行业角度以及吉藏立足般若性空和诸法缘生等继续批判道家"自然"的无因，他们的共同点在于认为自然说由于缺乏因果报应，不仅不能教化统治者，还会导致人们肆无忌惮地制造恶业。因此作为境界论的自然可被接受，但作为落实到生命个体的实践方法的自然则为佛教徒所批判。[1]

其次，"众生平等"的整体义奠定自然观的伦理基础。佛教的"缘起说"与道家"自然说"相对立，强调万事万物之间有因有果而非"无因有果"，本质上强调各个要素之间的联系：任何现象或者事物的存在都有自身的依据和条件，其中"因"是内因及条件，"缘"是外因及条件。世界之中的事物由于相互联系，因而不存在一成不变的实体，即万物皆"空"。以该理论观照人与自然的关系，损害任何一方的行为做法都会导致因果报应，这就是所谓的"依正不二"说：正报是说众生心，依报则是因主体生命

---

[1] 参见圣凯：《六朝隋唐佛教对道教"自然"说的批判》，《哲学动态》2016年第7期。

之心感照的外部世界，因为心与外部环境是相辅相成的一体。对此，日本池田大作指出"依正不二"原理即立足于这种自然观，明确主张人和自然不是相互对立的关系，而是相互依存的。《经藏略义》中"风依天空水依风，大地依水人依地"对生命与环境相互依存的关系作出诠释。[1]正是"缘起说"为"众生平等"提供了内在伦理支撑。"众生平等"是大乘佛教提倡彰显"菩萨"大慈大悲之心、救苦救难之行的结果，与早期小乘佛教认为并非所有人都能成佛这一观点相对立，即"一切众生，悉有佛性"。宇宙万物在佛教中被划分为两类，一类是有情感意识存在的"有情"或"众生"，另一类则是没有情感意识存在的"无情"，例如自然环境中的山水湖泊以及草木石等，"众生平等"思想包括人与动植物、人与人以及人与所谓鬼神之间的平等。就此来看，"众生平等"蕴含的超越人类主义的思想倾向与西方生态中心主义者的主张相类似，显然中国的伦理学革命比西方早了几乎上千年。同时，大乘佛教强调一切皆可成佛的思想涵盖"无情有性"思想，由于拓展道德关怀对象进而孕育着敬畏自然的伦理意识。具体来看，尽管自然万物并不具有自我意识和感觉，但它们与"有情"同样享受平等权利，这种思想实则超越儒家文化中的社会伦理和宗教伦理思想。

最后，魏晋时期的文人诗作渗透着佛教自然观具有的生态美学意蕴。佛教自然观一方面吸收了传统文化中的"天人合一"思想，另一方面也影响着古代的文人骚客（尤其是僧徒和崇佛诗人群体），可从古代诗学的形象表达中进一步透视佛教的整体自然

---

[1]　张怀承、任峻华：《论中国佛教的生态伦理思想》，《吉首大学学报（社会科学版）》2003 年第 3 期。

观。于僧徒而言，他们往往借助自然之景阐发禅意理趣，达到物我相忘状态。禅宗牛头宗有云，"青青翠竹，尽是法身；郁郁黄花，无非般若"，自然作为习禅者感性思想的外化，在审美境界之中处处渗透着禅的理趣，这就不难理解"一切色是佛色，一切声是佛声"，"静寂的树林原来是觉悟者的领地"。[1]再举一例说明佛教徒通过诗歌表达禅意禅趣。宋代雪窦重显禅师的《送僧》极具代表性：这首诗通过对红芍药花、蝴蝶、黄莺、柳树以及青山等自然景物的描绘，展露修行者融于自然所得的和谐统一的快乐。于崇佛诗人来说，佛教自然观蕴含的生态美学思想渗透于魏晋南北朝并延续至宋代诗学中。此外，佛教传入还影响了生活于晋宋易代的谢灵运，他将山水对象化为创作主题并加入玄言诗尾巴，标志着一种新的自然审美观念和审美趣味的产生。[2]佛教禅宗思想延续到唐宋时期，唐代以王维为代表的山水诗人受到当时流行的北宗禅的影响，他在晚年又接近南宗禅，《竹里馆》就描画了诗人坐禅时与山水融为一体的体验，对此有学者评价道，虽然盛唐山水田园诗人的作品多带有禅意和禅趣，但像王维那样直接契入空灵禅境的并不很多。[3]苏轼的文学创作正是以"物我两忘"之境达到消解现实痛苦的目的。总之，以生态整体主义哲学为支撑的生态美学观使人文主义精神在新时代得到发扬和充实。[4]

---

［1］ 张节末：《禅宗美学》，北京大学出版社 2006 年版，第 163 页。

［2］ 林庚：《中国文学简史》，清华大学出版社 2007 年版；傅刚：《魏晋南北朝诗歌史论》，吉林教育出版社 1995 年版。

［3］ 陈允吉：《唐音佛教辨思录》，上海古籍出版社 1988 年版；孙昌武：《佛教与中国文学》，上海人民出版社 2007 年版。

［4］ 曾繁仁：《简论生态存在论审美观》，《贵州师范大学学报（社会科学版）》2004年第 1 期。

"众生平等"作为佛教自然观的生态伦理基础，不仅在境界论上通过"缘起说"阐明自然内部各个要素的相互联系与作用，而且在实践论上渗入同时代文人骚客的诗作中，进而以一种自觉和主动的方式改造人类在世的生存方式。为此，池田大作认为西方历经几百年现代化进程后，为了避免走向毁灭，必须求助于中国古老的传统文化。

2.2.3 "天人合一"：自然与人存在关系上的价值义

如果说整体义和最高义更侧重于对自然整体以及自然内部要素的考量，那么本节中的价值义则侧重从政治功用视角来论述以"天人合一"为代表的儒家思想。这里简要对标题的概念做一个澄清。一是"价值义"是维护封建统治秩序的原初价值义。尽管上文展示诸多"物我一体"的禅意理趣，但只有占统治地位的儒家思想才能在本质上规定"人与自然"关系。二是标题中的"存在关系"并非西方哲学思潮的"存在主义"。"存在主义"作为西方后现代哲学的一个流派，源于对近代主体性哲学的超越，其要求取消主客二分的认识论框架。而本小节中的"存在"概念更类似于古希腊哲学中原始的统一关系，指的是一种"前主体"或"前存在"的哲学状态。

一方面，儒家思想涵盖了人与自然和谐统一及相关命题。如果以"对自然界系统的总体看法"来定义自然观，先秦儒家思想对此不仅是欠缺的，甚至连"自然"概念都很少出现，他们在表述物质"自然"时对应的概念为"天"，因而更不要说形成系统的自然观。但是理论体系框架的不完整并不代表儒家思想对此无所涉及，这里简单梳理儒家代表人物的相关论述。**第一**，自然之义即为"天"。不同学者对于儒家思想中"天"的阐述不尽相同，如冯友兰先生认为"天"包括物质之天、主宰之天、运命之天、自然之天和义理之天；[1]张岱年先生认为"天"表面上指"大自然、全宇宙"，但是还要结合后来儒家发展中不同流派，如理学派、心学派、气学派等，来理解其具体内涵；[2]还有，张世英先生认为由于儒家的天有道德意义，要认真反思中国哲学传统中的伦理道德意识。[3]实际上，儒家思想中的"天"以具有的物质自然涵义，突破了殷周时期的"命运之天"。例如，孟子《梁惠王·上》："天油然作云，沛然下雨，则苗浡然兴之矣"；[4]荀子《天论》："天行有常，不为尧存，不为桀亡"，[5]这些论述都将天作为自然之天，进而得出要遵行自然规律的结论（天行有常），在保留唯心主义因素的同时也萌发了朴素的唯物主义思想。**第二**，"天"和"人"之间应当保持和谐统一的关系，这种关系既体现在自然和人有着共同的生命本源上，又体现在人应当顺应自然之"时"上。就天人同出一体来说，孔子从肯定自然具有"生"之义来进行说明，他用"四时"和"万物"比附自然之天具有生的功能，如"天何言哉？四时行焉，万物生焉，天何言哉？"后来学者如王阳明尽管以"良知"为本体，但他明确肯定并继承了"天人合一"思想，指出"大人者，以天地万物一体者也，其视天下犹一家，中国犹一人"。两者作为相互成就的整体，又涉及"天人相参"的内容，如朱熹注《中庸》："可以赞天地之化育，则可以与天地参"，

---

［1］ 冯友兰：《中国哲学史》上册，华东师范大学出版社 2000 年版，第 35 页。

［2］ 张岱年：《中国哲学大纲》，商务印书馆 2015 年版。

［3］ 张世英：《天人之际——中西哲学的困惑与选择》，北京大学出版社 2016 年版，第 12 页。

［4］ 杨伯峻：《孟子译注》，中华书局 2018 年版。

［5］ 王先谦：《荀子集解》，中华书局 2022 年版。

"赞，犹助也。与天地参，谓与天地并立为三也"，天人相互配合才能化育万物，有学者据此将之称作儒家"环境意识中最核心的东西"。[1] 就顺应自然之时来说，孟子和荀子有诸多通过人们守"时"的表述来诠释人与自然和谐统一的自然观。例如，农耕上要求做到"不违农时，谷不可胜食也；数罟不入洿池，鱼鳖不可胜食也；斧斤以时入山林，材木不可胜用也"；林业上要求做到"圣王之制也，草木荣华滋硕之时，则附近不入山林"；渔业和水产上也要求"污池渊沼川泽，谨其时禁"等，以上论述都告知众人只有尊重客观规律，即在不违时、不失时的前提下展开的生产生活实践才能满足人的需求。**第三，儒家"天人合一"的自然观在肯定主体能动性的基础上，提出"制天命而用之"的思想。**前两个方面强调自然自身所具有的整体性和规律性，这个本体论基础和生态性前提的确立并不意味着对主体能动性的取消；同时，主体性的确立并非意味着蔑视客观规律，因为人只有"制天命"，才能"用之"，而"制"就是人类的理性必须建立在认识自然的基础之上。虽然这里涉及的主体能动性多少残留着儒家"天命"的主观唯心色彩，但并不影响后人对其思想中合理成分的继承。事实上，在马克思以唯物史观所开启的新世界过程中，他也始终强调历史唯物主义客体向度与主体向度的统一，如果只承认前者，人类社会不仅会落入"经济决定论"的窠臼中，而且与自然历史进程发展无异。同样，儒家"天人合一"思想也包含着对主体能动性的承认。之所以如此，在于作为群体的人类不仅有别于所谓鬼神和禽兽，更要紧的是因为具备仁义和德行而有了尊严，对

---

[1]　刘大椿等：《环境思想研究：基于中日传统与现实的回应》，中国人民大学出版社 1998 年版，第 29 页。

此孔子《论语·微子》以"鸟兽不可与同群"道出了人与禽兽的差别。

另一方面，儒家"天人合一"的价值在于帮助君主巩固统治地位，因而自然与人同样处于客体地位，应当在继承优秀思想的基础上对其不合理因素予以正视。儒家"天人合一"中无疑有着合理的思想资源，同样不能忽视"推天道明人道"以及"推人道达天命"的价值所在：事实上，"天人合一"的"人"就是君王而非一切人。君王作为天意授权在人间的代表，只有君王才能实现"天人合一"，对此朱熹有云："天地不会说，倩他圣人出来说。"王阳明认为圣人无所不知……可以说正是君王所具有的连通"天人"的特质使得他们在人间的专制统治地位具有了权威性和合法性。进一步来说，当君王统治地位确立以后，维护社会统治秩序还需要规范人与人的纲常伦理，即"人道"。如此从"天道"延伸到"人道"，乃"天人合一"的核心思想。尤其是汉代以后，这种伦理思想被推到极致。著名的是程朱学派以"人道"的"五常"类比于"天道"的"四德"，因此人与人之间的伦理规范就成为"放之四海而皆准的"天理；张载"道一也，在天则为天道，在人则为人道"也将礼和事物秩序相结合，认为二者不过是同一个"道"的不同形式。与此同时，"天人合一"中的"天"仅仅是作为工具的自然。隶属于中国农耕文明的传统文化虽然有着尊重自然的深厚底蕴，但是自然的价值仅限于为社会提供农业产品，《荀子·王制》中有这样一段著名的论述："君者，善群也。群道当则万物皆得其宜，六畜皆得其长，群生皆得其命。故养长时则六蓄育，杀生时则草木殖，政令时则百姓一，贤良服。"[1]自然在

---

[1]《荀子·王制》，中华书局2007年版，第91、92页。

这里不过是社会治理和农业生产的附属品。此外，相比佛教中将自然作为僧徒或者信佛文人诗化活动的内容，[1]魏晋以前文学创作的政治教化功能在汉代十分明显，因此描写自然的山水诗也不过是"经夫妇、成孝敬、厚人伦、美教化、移风俗"（《诗大序》）的工具。后来，伴随着魏晋文学不断摆脱经学而走向自觉，自然在创作中的地位也慢慢发生变化。尽管儒家思想中关于"人与自然"关系的论述是零碎的、不成体系的，但这并不妨碍我们汲取其中有益的生态智慧。但同时需要注意的是，我们应当祛除"天人合一"关于维护封建统治秩序的原初价值义，在新时代发展中建构一种新的"存在"价值义。

2.3　外来借鉴：西方自然观透视下的生态危机

20 世纪六七十年代兴起的西方生态哲学思潮中的一些学术资源应当被重新认识，例如学者敏锐的问题关怀意识，尤其是生态马克思主义对于资本主义新发展的严峻批判都值得借鉴。自 20 世纪以来，随着环境问题持续发酵为生存危机，严峻的现实唤起一大批学者对人类自身和整体世界之间关系的思考，这种思考大致形成以下三种面向：一种是以环境保护为中心的深绿思潮。该理论认为自然具有自身的内在价值，人类活动是生态危机形成的根本原因，要对启蒙时代以来主体所形成的观念进行再启蒙。

---

[1]　这里之所以使用"内容"，是为了区别于魏晋以前自然在文人创作中作为客体的"自然"，这种"自然"让文学发挥着政治教化功能；佛教中的"自然"与文人的关系在意义上是"存在"的，但从哲学发展阶段看又处于一种"前主体"阶段，因而这里借助"内容"这一价值无涉的概念，指代文学创作的内容。

另一种是以人类利益为中心的浅绿思潮。该理论认为保护环境的目的在于维系人类的长远利益，因而可以通过改进技术、提高生产效率减少对环境的污染，自然并不具有自身的内在价值。还有一种作为"人类中心主义和人道主义"的、旨在变革社会制度的"红绿"思潮。该思潮与上述两种面向最大的不同在于其并非从人类与自然的二元对立抽象范式出发考察生态危机，而是给出变革资本主义制度来祛除生态"祸根"的方案。面对这场人与自然之间的"博弈"，应当如何拨开理论迷雾汲取有效资源？这三种生态哲学是否真正触及生态危机的根源？为什么针对同一问题却产生如此不同的分歧？是否存在一种理论能够兼顾普遍问题和出于特殊原因的考虑？对于这些问题的回答，首先需要从厘清各种生态思潮的历史和基本观点入手。

2.3.1 "非人类中心主义"："深绿"思潮及其理论局限

"非人类中心主义"和"人类中心主义"生态观针锋相对，这种对立与立场是否为现代主义者有关。在非人类中心主义立场下集聚的"深绿"思潮拥护者认为，个人主体性自启蒙运动以来的高涨使其不断将自身置于世界中心，并依赖科学技术手段将自然推向客体地位，从而围绕自身的需要和利益对自然进行征服、利用和剥削，此种"人对自然的宣战"由于超过生态系统阈值反使人类自身生存受困，他们希望通过反增长、反技术、反生产等方式来否定现代性本身。

尽管"深绿"思潮存在不同的理论形态，但在人与自然的关系上有着如下共同主张：首先，认为主体性高扬的同时制造了价值危机和生态危机，因而消灭生态危机就要消解主体性。主体理性作为启蒙运动的标志，曾对现代资本主义社会的发展起到巨大推动作用，其被反对的原因在于"深绿"拥护者的后现代主义立场。在他们看来，主体性在理论上不仅意味着主客二元对立的机械思维模式，在实践中也被第二次世界大战的爆发所证伪，这种揭露对于分析生态危机无疑具有启发意义。美国后现代主义者格里芬（D. R. Griffin）就赞成后现代主义是"一种认为人类可以而且必须超越现代的情绪"。[1]实际上，为"深绿"所强烈反对的"人类中心主义"显然是理论上的乌托邦。从社会历史发展的时空维度来看，那种声称代表"整体利益"的"人类中心主义"从未有过：在空间维度上，不同国家、区域和民族等群体的内部差异决定个体利益的"殊异性"，即使是曾经被视为人类中心主义极端形式的"犹太—基督教"语境中的"全人类"代表的也不过是信教者的利益；在时间维度上，特定社会形态中个体利益在历史实践活动中具有"生成性"，不存在抽象空洞的"人类中心主义"。换言之，某个个体或者群体因为自身利益而对生态环境产生了破坏行为，他们的价值取向不过是实践活动的产物，因此与其认为是人类中心主义造成生态危机，不如说是个人主义、利己主义、拜金主义等导致生态危机。

其次，主张自然具有自身的"内在价值"。既然认为"人类中心主义"是将自身作为实践主体，从而开启了对自然的掠夺，那么"深绿"思潮主张在消解个体主体地位的同时，也要确立自然乃至整个生态系统的价值。"内在价值"和"自然权利"构成"非人类中心主义"生态观的理论基石。不同于个体主观价值论，"深绿"思潮从自然、生态整体存在的事实中直接推论出自然具有价

---

[1]　大卫·格里芬编:《后现代科学——科学魅丽的再现》,中央编译出版社2004年版,"英文版序言"。

值。动物权利论的代表汤姆·雷根即从作为生命存在的感性事实出发来推出自然的价值，反对将善待动物行为与维持人类利益相联系，并质疑将"理性"作为价值评判标准，否则，会出现婴儿以及残障人士无法被纳入价值主体的局面。事实上，无论是激进的非人类中心主义的"见物不见人"、以否认人的价值来维护自然，还是温和的非人类中心主义希望以情感共鸣的方式提升自然存在物的价值，都面临如下悖论：价值、权利范畴为人所有，当将其赋予自然时又会回到人类中心主义窠臼，这也是他们会招致人类中心主义者责难的原因。另外，非人类中心主义必然导致理论自身难以自洽，例如如何解释在自然万物平等的基础上所赋予人类环境伦理的责任义务呢？甚至更严重的会招致"反人类"，即"当地球上最后一个男人、女人或儿童消失时，那绝对不会对其他生物的存在带来任何有害的影响，如果站在他们的立场上看，人类的出现确实是多余的？"[1]换言之，非人类中心主义只不过是"以人类中心主义的方式反对人类中心主义观念罢了"。[2]

最后，反对科学技术主张退行回"前技术状态"。科学技术在助推现代社会工业生产的同时，所产生的废料、废气等直接进入生态系统从而产生环境问题，因此"深绿"思潮拥护者尤为反对科学技术发展。他们认为科学技术作为彰显个人主体地位的工具，在生态问题上会与个人主体形成共谋关系，美国自然学家乔治·埃默森在《关于马塞诸塞森林中树木和灌木的自然生长报告》中指出，马塞诸塞州的林木因过量砍伐而供给不足，就连从

---

[1] Andrew Brennen, *The Ethics of Environment*, Dartmouth Publishing Company Limited, 1995, p. 208.

[2] 孙道进：《环境伦理学的价值论困境及其症结》，《科学技术与辩证法》2007年第1期。

缅因州和纽约州进口的木材这种"外来的资源也很快要用尽了"。对此，一批生态学家提出不但要减弱对科技的信心，还要彻底打消经济增长的念头。但此种激进的做法无疑会使贫困国家及其人民利益首当其冲受到损害，因为于他们而言，发展目标具有优先性。另外，"深绿"思潮对于科学技术的反对实际上受到神学自然观、现代有机论与整体论自然观的影响。神学自然观中自然具有神秘性，"深绿"思潮在此基础上赋予自然崇高色彩，并渴望回到浪漫的田园式生活中。无论是史怀泽的"敬畏生命"以及"生命是神圣的"之呼吁，还是利奥波德所提的"生物共同体的美丽、和谐和稳定"，[1]都认为科学不能解决生态问题，只有感受自然荒野之美才能彻底改变人们的观念。奥康纳称这种试图用"人文之美"取代"科学认知"的学者为"浪漫的生态学"家。"盖娅假说"则受到有机论和整体论的影响，认为科学技术对生态系统造成破坏的原因在于割裂后者内部的有机联系。这些将人与自然对立从而妄图回归荒野之美的观念实质上在维护中产阶级利益，而忽略了广大贫困人民要求改善生存境遇的要求。值得注意的是，近年来生态主义逐渐突破后现代的范围并出现"后人类主义"化趋势，不过两者对待科学技术的看法截然相反：生态主义强调科学技术的机械性和外在性，看到科技通过交通、通信以及对周围的物产生的沟通世界功用，因而反对科学技术改变地球物质形态所造成的生态破坏；后人类主义依托新的计算机、生物以及材料科学等技术进展，将关注点从技术的外部性转向关注技术对于人身体内部形态的改变，因而是基于新技术形态的后人类的生态主义。

就具体形态而言，"深绿思潮"从最初的动物权利论的单一

---

[1] [美]利奥波德：《沙乡年鉴》，侯文蕙译，吉林人民出版社1997年版，第213页。

视角扩大到以大地伦理学为代表的整体视角，最后上升为关注自然内在价值的深层生态学，这种生态学意义上的尊重自然整体性、内在性和有机性的观点，具有一定的借鉴作用。由于上述自然是脱离人类实践活动的"抽象自然"，因此其价值立场也并非进行生产实践活动的"人民性"立场。

2.3.2 "现代人类中心主义"："浅绿"思潮及其理论局限

"浅绿"不仅认为"深绿"语境中的"荒野"自然在现实中是不存在的，而且认为仅讨论荒野自然对于实际的生态保护运动没有意义。当前，需要抛弃的仅仅是近代以来形成的人类中心主义价值观，而非整体人类的利益和需要。借用美国学者诺顿关于"强式"和"弱式"人类中心主义的划分，"浅绿"思潮更加接近"弱式"人类中心主义生态观：即个体按照"理性偏好"的合理需要来确立价值标准，而不考虑不合理的感性偏好需求，但此种"合理性"实际上具有资产阶级立场的局限性。

针对什么是生态危机的根源这个问题，"浅绿"思潮大体将之归结为人口增长对于环境消耗、生产技术的逆生态模式[1]以及自然资源的无限馈赠三方面。"浅绿"不认可将生态文明和现代文明完全对立起来的"后现代主义"做法，坚持认为应当持续推进现代化解决生态危机。具体言之，"浅绿"思潮针对上述生态问题提出如下环境方案：首先，提倡控制人口的过快增长。经济增长和地球可提供的生存资料不仅影响出生率，而且人口增长速度反过来会对自然资源产生影响。其次，一批学者持"科技乐

---

[1] ［美］巴里·康芒纳：《封闭的循环：自然、人和技术》，吉林人民出版社1997年版，第140页。

观主义"信条，这构成与"深绿"思潮的显著区别。《增长的极限》《熵：一种新的世界观》等著作认为，科技由于自身的局限必然导向一种有"极限"的未来，"深绿"学者们为此对科技进步抱有悲观主义态度，并希望通过改变生态价值观来走出生态危机。早在19世纪，卢梭作为科技悲观派的第一人便对科学技进步产生忧患意识。这种忧患意识实则源于对现代性二律背反的深刻认知，只不过卢梭揭示的问题主要是科技进步造成的个人德性堕落，后来科学技术在环境领域产生的负效应则随着资本主义生产方式的改变不断加剧。与此相反，"浅绿"思潮举起"科技万能论""科技治国论"等用科技解决生态问题的大旗。第三，主张自然资源"市场化"或"私有化"。自然资源的无限性和免费性激起人类无限制的欲望，过度开发和利用自然产生了生态危机，只有通过市场化举措才能避免自然资源被滥用。哈丁在《公有地悲剧》中同样论证了作为公共资源的自然的免费性是促成人类在追求利益最大化时导致公有地被毁灭的直接原因。

　　然而西方中心主义立场实际上在上述三条路径中暴露无遗。作为"科技乐观主义"的信奉者，"浅绿"经济学家在夸大技术革命和环境政策功效的同时，忽略科技固有的社会关系维度。技术本身是无主的，但技术作为人类物化劳动的结果必然带有社会关系属性。在资本主义制度背景下，科技作为生产要素被纳入资本增殖的进程中，技术革命固然能够起到降低生产能耗和提高生产效率的作用，但却并不必然伴随生产和消费的减少，"杰文斯悖论"描绘的就与这种现象相关。悖论发生的原因就在于未突破"根据积累和利润逻辑运转的"资本主义制度结构框架，如此来看，"浅绿"思潮导向了对资本主义的辩护，并为资本推卸了治理全球环境应当承担的责任。另外，"浅绿"所主张的在传统古典经济学框架内赋予自然以经济价值的做法，不过是关于市场体系的"乌托邦神话"。私有财产权和自由放任的市场经济是自由主义的重要支柱，将其搬到环境治理领域则转化为对自然资源的私有权确证，如此一来，环境经济学主张在市场中内化外部环境治理成本仅仅是实现了"自由主义"的"绿色化"。古典经济学家甚至新自由主义经济学家的错误就在于他们将私有制作为一种非历史性的存在，即将需要被论证的东西作为逻辑预设，因而暴露了自身的"资产阶级"立场。作为工具存在的自然遮蔽自身的内在价值，"浅绿"思潮关于自然的认识仍未突破机械自然观的藩篱，生态文明的本质不能仅被理解为为保护资本主义再生产提供外部环境条件。

"浅绿"思潮背后的自由主义意识形态神话即将破灭，一个表现是近年来欧美资本主义国家中"绿色左翼"的兴起。自欧美资本主义发展进入 21 世纪，金融与经济危机等频发彰显的是资本主义社会制度与文化根基的"扩张型现代性"本身，以及由此所引发的多重性危机，[1]这也从侧面显示资本主义曾依靠渐进型等非本质性因素进行自我调整的方式已然失效。如果说"绿色资本主义"作为资本主义制度的局部调整，曾一定程度上摆脱传统增殖模式的困境，但眼下以"社会生态转型话语"为代表的激进绿色转型话语业已成为多数欧美国家的必然选择。"转型"话语正是基于对新自由主义话语的批判所形成的关于未来社会构想，其内涵跳出以往内嵌于欧美整体性制度环境的阶段性和非本质性特征，因而具有文明革新意义。无论是从"浅绿"思潮本身出

---

[1]［奥］鲍姆：《欧洲左翼面临的多重挑战与社会生态转型》，《国外社会科学》2017 年第 2 期；［德］萨拉·萨卡：《当代资本主义危机的政治生态学批判》，《国外理论动态》2013 年第 2 期。

发，还是从当今世界作为社会生态转型话语的"绿色左翼"来看，皆能透视早期旨在维护自由主义利益学者的理论局限：生态保护绝不仅仅是环境领域内的公共政策议题，而是兼顾整个社会公平正义和生态可持续发展的综合考量，因而除非变革其经济社会依托的制度框架和文化观念，否则只能是"抱薪救火"。

但无论如何，"深绿"或"浅绿"在探讨生态危机原因时诉诸"重建人类生态价值观"，在某种程度上能为我们认识生态问题提供借鉴，但不应忘记的是只有物质生产实践的变革才能引发相应的价值观变化。实际上，之所以不对物质生产作出变革，"深绿"旨在维护中产阶级利益，"浅绿"则致力于资产阶级绿色可持续发展，因此这两种思潮不过是特殊和地方维度的生态文明理论，而社会主义生态文明观以社会主义生产方式为基础，在国内外人民生态环境需要的基础上避免了特殊化和地方化的倾向。[1]

2.3.3　从价值观批判到制度批判：西方生态运动中的"红绿"思潮

全球生态问题的日趋严重促成西方生态运动的兴起，而在西方生态运动内部也聚集着形形色色的理论流派，除了"深绿"思潮，还有"红绿"思潮。本节围绕"红绿"思潮中的"生态马克思主义"展开论述，主要包括该流派对生态问题的原因分析、价值立场与解决方案三方面。

秉持现代主义立场的生态学马克思主义与批判现代文明的"深绿"思潮直接对立，后者甚至否定整个现代性价值观和发展

---

[1]　王雨辰、幸菊艳:《论生态文明理论的内在矛盾与社会主义生态文明理论的构建》,《江西社会科学》2024 年第 6 期。

观。扩大来讲，后现代主义思潮对于整体性的拒绝导致了"碎片化"，这也解释了"深绿"思潮为什么无法提供作为整体的社会行动方案。近代以资本为基础的人类中心主义价值观奉行利润至上和享乐主义的消费原则，而生态马克思主义者则致力于实现可持续的发展，重释人类中心主义坚持的原则，即"一种长期的集体的人类中心主义，而不是新古典经济学的短期的个人主义的人类中心主义"。[1]另外，生态学马克思主义较之以上思潮的进步性在于从文化价值观层面深入到制度批判之维。无论是抛弃还是改变"人类中心主义"价值观的努力终归徒劳，因为特定社会历史实践才对生态问题的解决起到决定性作用，要从制度、哲学价值观和社会主义运动三个方面入手分析：

首先，以历史唯物主义为方法解剖资本主义制度是生态马克思主义学者的分析逻辑。历史唯物主义包含着对事物发生过程的"历史性"分析，而资本主义制度也有自身产生、发展和衰退的过程，与之相伴产生的生态危机也并非从来就有，相反是特定历史阶段内生产方式发展的结果。自然在利润或者剩余价值最大化目的追求下丧失自身价值，仅具有"市场价格"或"经济价值"。康德曾将内在价值表述为"对于那些构成某种条件并且只有在此条件下才能以其自身作为结果的事物而言"，"就不仅仅具有相对价值（价格），而且还有本质性的价值（尊严）"。[2]这就导致不断扩大投入的自然资源总量远远超过由技术革新带来的自然资源节约，因而加速生产系统与生态系统之间物质循环圈的

---

　　[1]［英］戴维·佩珀：《生态社会主义：从深生态学到社会正义》，山东大学出版社2005年版，第 340 页。

　　[2] J. B. Foster, *Ecology Against Capitalism*, Monthly Review Press, 2002, p. 31.

断裂。不仅如此，资本周转率的高效性与自然资源恢复的长期性之间也存在矛盾，历史的变化已使原来只属于工业资本主义工业生产领域的危机理论失去效用。"今天，危机的趋势已转移到消费领域，即生态危机取代了经济危机。"[1]

　　其次，作为资本主义制度产物的技术异化和消费异化是生态学马克思主义者批判的又一维度。"深绿"思潮对理性和科学的批判具有一致性，认为正是科技的"工具理性"给生态环境带来了灾难，尤其一些生态中心主义在环境保护运动中彻底贯彻这种反科学主义，将生态危机视为科学技术本身的缺陷而主张退回到前科学状态中去；"浅绿"思潮尽管不反对科学技术进步，但其维护的技术革新不过是资本主义框架内部生产条件的调整，实质上是一种"绿色资本主义"。生态马克思主义没有将生态危机归因于科学技术本身，而是归因于技术异化背后的社会生产关系和政治制度，莱斯认为后现代主义者"只说明对自然的科学研究及其技术应用是发生在一种操作的结构内还是很不够的。关键的问题是，在何种特殊的社会背景中它是如何操作的"。[2]实际上生态马克思主义者对于科技的看法受到法兰克福学派的影响，如马尔库塞的"新科技观"由于区分科技本身与科技承担的意识形态、统治工具职能，而认为科学技术可以作为解放的手段。[3]资本主义现代文明以追求利润为自身价值目标，在生产领域内的资

---

　　[1]　[加]本·阿格尔：《西方马克思主义概论》，中国人民大学出版社1991年版，第486页。

　　[2]　W. Leiss, *The Domination of Nature*, McGill-Queen's University Press, 1994, p. 117.

　　[3]　H. Marcuse, *One-Dimensional Man*, Routledge & Kegan Paul PLC, 1964, p. 166; pp. 204—205.

本积累和劳动者、自然界的贫困积累导致经济危机周期性爆发。资本主义为了解决财富积累和贫困积累的悖论，一方面通过新科学技术革命推动社会物质财富增加，以建立社会福利制度体系维持自身合法性，另一方面则在广泛宣扬消费主义和享乐主义价值观，为自身扩大再生产创造思想条件。不仅遵循效率原则和经济理性而不断扩张的生产规模加速着生产资料的消耗，而且奉行"越多越好"的物质主义幸福观和价值观进一步造成自然资源的闲置和浪费。生态马克思主义从"人类中心主义"价值观入手深入到制度层面的分析，预见了资本主义制度日后的覆灭。

最后，生态学马克思主义对生态危机原因的制度分析和哲学价值观分析必然牵引出生态危机解决方案的政治路径。生态社会主义建立的目的在于改变全球范围内的资本权力结构关系。就生态价值观而言，以本顿、科威尔等为代表的生态中心主义者所说的事物的"内在价值"具备"深绿"所不具备的"反政治经济学"含义。即基于资本主义生产方式反生态性这一前提，生态学马克思主义者中的人类中心主义者考虑集体利益、长远利益以及穷人利益，绝非"浅绿"由基于改善资本主义生产条件进行环境保护而导致"穷者愈穷，富者愈富"的"假发展"。生态马克思主义的"以人为本"正是在于其坚持认为，"对经济的发展……应该以人为本，尤其是穷人，而不是以生产甚至环境为本，应该强调满足基本需要和长期保障的重要性。这是我们与资本主义生产方式的更高的不道德进行斗争所要坚持的基本道义"。[1]在人类集体利益价值观的考量之下，生态马克思主义强调新文明是积极

[1]［美］福斯特：《生态危机与资本主义》，耿建新、宋兴无译，上海译文出版社2006年版，第42页。

扬弃工业文明之后的形态，继承和保护的是工业文明业已获得的发展成果，否定和超越的是工业文明具有的粗放型发展方式、高度集权管理模式以及重占有的个体生存方式，代之以生产主体能够自我掌控的"非官僚化"和"分散化"管理体制，而只有生态社会主义社会能够与之兼容。对任何国家尤其是发展中国家而言，各地区需要认识到治理生态问题与资本全球扩张密切相关，开展"地方性行动"必须具有"全球性视野"，地方性与全球性相结合才能真正实现生态文明建设。正如"大多数的生态问题以及那些既是生态问题的原因也是其结果的社会经济问题，仅仅在地方性的层面上是不可能得到解决的。需要把各种地方性的对策定位于普遍性的、国家性的以及国际性的大前提下"。[1]

综上，生态马克思主义学者关于科学技术、现代文明等主题的反思之所以具有全球性和普遍性视野，是因为运用了马克思分析历史和阶级的理论方法。这种分析方法和理论结果在一定程度上具有某种借鉴意义。

---

　　[1]　[美]詹姆斯·奥康纳：《自然的理由：生态学马克思主义研究》，唐正东译，南京大学出版社 2003 年版，第 433 页。

第3章 社会主义生态文明观的演进脉络

以绿色转型为目标的社会主义生态文明观之"中国特色"的彰显正在于对马克思主义基本立场和观点的继承性发展、对中国传统生态哲学的创造性转化，以及对西方生态哲学的批判性超越。一种理论的发展与定型还源于特定的历史性实践，纵观以绿色转型为目标的社会主义生态文明观的发展可划分为三个阶段：1949—1978 年的准备阶段，1978—2012 年的形成阶段，2012 年以后的丰富阶段。采用历史与逻辑相统一的方法，可为以绿色转型为目标的社会主义生态文明观的历史演进脉络建构如下框架：时间维度上以生态自然观为前提，空间维度上以生态社会观为关键，价值维度上以生态政治观为保障，全球维度上则为世界生态治理贡献出中国方案。

3.1 "社会主义生态文明观"彰显的"中国特色"

工业化进程及其推动的现代性在全球范围内如火如荼展开的同时，作为其衍生后果的生态危机将全人类置于生存危机境遇中，而社会主义生态文明观在实践中的生命力愈发彰显，弄清这个问题就涉及如何理解"社会主义生态文明观"彰显的"中国特色"。理解"中国特色"具有的科学性前提在于始终秉持马克思自然观生态意蕴的核心内容和方法论框架，这对于社会发展客观规律的把握和人类价值的关怀为中国避免生态问题提供了可行性方案；理解"中国特色"还在于以自身鲜明的价值论基础异质于西方生态价值观和中国传统自然观，若非如此，不是难以与"生态中心主义"或"人类中心主义"相区分，就是易于同古代传统文化中人与自然浑然一体的关系相混淆，进而造成对此种"统一"背后价值立场的忽视。

3.1.1　实现对马克思自然观的继承性发展

理论思维本身的科学性确定了马克思历史唯物主义自然观的底色。作为随时代发展进而由中国共产党人所坚守的原则，历史唯物主义在社会主义生态文明观中具有重要地位，换言之，社会主义生态文明观理论是执政党将马克思主义的方法论原则置于新时代生态建设现实语境中所得出的结论。具体说来，历史唯物主义原则贯穿于马克思对人和自然关系的分析，作为一种世界观也使马克思自然观与以往形而上学的自然观区别开来。西方哲人们很早就开始将人和自然的关系作为思索的重点，本质在于通过追寻确定性存在以便过上美好生活，那个时期自然理性占据支配地位；中世纪以后，上帝作为自然法的人格化身，被认为不仅创设出包括人与自然在内的世间万物，还孕育了早期"主—客"二元对立框架范式；进入近代，生产力迅猛发展的历史事实在哲学上的表现是人与自然之间彻底的"主客对立"，一方面，培根的"新工具论"蕴含对传统一成不变自然秩序的反动，自然科学在此推动下成为改变世界的现实力量；另一方面，笛卡尔的

"我思"哲学从意识内在性出发，自然沦为思维的"质料"，对个人理性的发现促成"人类中心主义"的兴起。于是人类开始全面陷入现代性所制造的"二律背反"，生态领域表征的人的生存危机呼吁马克思历史唯物主义自然观的出场。实践作为马克思自然观的理论底版，抽象的人与抽象的自然在"感性—对象性"活动中实现了社会历史的统一，这不仅结束了黑格尔哲学中人和自然作为理念的化身，还结束了费尔巴哈哲学中的人和自然的"非历史存在"，自此著名的"共产主义，作为完成了的自然主义，等于人道主义，而作为完成了的人道主义，等于自然主义"[1]便有了坚实的社会物质基础。

　　由实践所开启的自然观甚至是世界观的变革，更为重要的意义在于其达成了事实与价值、真理与道义的统一。马克思以历史唯物主义方法分析自然的科学性在于，不再将自然或者人视为孤立的存在，"人化自然"不仅仅具有本源的物质实在性，更具有"社会历史性"，而作为"社会历史"的自然由于个体实践活动的介入，对其发展变化原因的考察要从与之相符的社会关系当中寻找。换言之，科学性是建立在与时代相符的物质生产实践基础上的科学性。同时，特定价值目标是科学理论发展的内在动力。正是基于对"现实的人"的生存关切，并切身体悟资本主义社会中人与自然、人与人相异化的生存境遇，马克思自然观在经历从哲学变革到政治经济学批判的思想变迁中，深入至"历史之现实"进而把握住通往人的自由而全面的发展的现实途径。尤为重要的是，人的自由而全面的发展源于"新的需要"的产生和推动，将这种观点嵌入生态领域之中意味着人对自然的改造归根结底

---

[1]《马克思恩格斯文集》第1卷，人民出版社2009年版，第185页。

在于满足人的需要、实现人的发展。

社会主义生态文明观在坚持马克思主义的同时，实现了对"两个制高点"的创新性发展。第一，社会主义生态文明观在新时代以满足人民群众的美好生活需要占据**道义的制高点**。经由马克思所处资本主义主导时代过渡到新时代语境，"人民"内涵尽管从无产阶级转换为人民群众，然而彰显自由自觉"类本质"的目的始终一以贯之。习近平同志曾作出如下概括："人，本质上就是文化的人，而不是'物化'的人；是能动的、全面的人，而不是僵化的、'单向度'的人。"[1]人能够通过多种"有意识的活动"实现自我本质的外化，因此生态文明建设作为主体尊崇与改造自然相统一的认知结果，应当"深刻融入和全面贯穿到中国特色社会主义事业的各方面和现代化建设的全过程"。[2]另外，自然本质在人有意识的活动实践中方可成就。自然界作为物质实体能够提供有形产品服务、发挥生态调节功能，自然界作为审美对象能够提供无形文化服务、发挥审美价值等，上述功能的存在实际上离不开一种生态科学属性。在"绿水青山就是金山银山"理念的引领下，自然才能最大限度转化为经济价值（为了与西方经济学视域中的自然资本相区分，这里讲的实际上是民营企业所带来的、不与人的发展相抵牾的经济价值）。尽管我国社会主义仍处于初级阶段，但社会主义生态文明观潜藏着未来共产主义中"自然主义与人道主义"的统一。第二，社会主义生态文明观以对生态自然问题的社会关系或社会制度的本质考量而占据着**真**

---

[1]　习近平：《之江新语》，浙江人民出版社 2007 年版，第 150 页。

[2]　国家林业局：《建设生态文明，建设美丽中国：学习贯彻习近平总书记关于生态文明建设重大战略思想》，中国林业出版社 2014 年版，第 5 页。

理的制高点。马克思以历史唯物主义方法分析生态问题的枢纽在于"实践"，"自然的历史"与"历史的自然"二者从割裂重回统一便基于此。现代性兴起的过程中社会关系对于自然的渗透使其根本异质于古代环境，资产阶级为了证明自身存在的合理性，声称生态环境问题自古存在而非自身制造。只要将人类个体视作社会关系的总和，便会得出人与自然的关系问题的真正解决无论如何也不能脱离社会关系，正如马克思所言"人对自然的关系直接就是人对人的关系，正像人对人的关系直接就是人对自然的关系，就是他自己的自然的规定"。[1] 为此，党的十九届四中全会中将生态文明制度纳入国家现代化治理体系，以此应对生态文明实践中面临的困境和难题："保护生态环境必须依靠制度、依靠法治"，[2]"只有实行最严格的制度、最严密的法治，才能为生态文明建设提供可靠保障"。[3] 党的二十届三中全会同样对深化生态文明体制改革作出重要部署，强调"中国式现代化是人与自然和谐共生的现代化。必须完善生态文明制度体系，协同推进降碳、减污、扩绿、增长，积极应对气候变化，加快完善落实绿水青山就是金山银山理念的体制机制"[4]，并从"完善生态文明基础体制""健全生态环境治理体系""健全绿色低碳发展机制"三个方面进行具体部署。

从马克思在资本主义形成发展阶段对生态问题的诊断，及关

---

[1]《马克思恩格斯文集》第1卷，人民出版社2009年版，第184页。

[2] 中共中央宣传部：《习近平新时代中国特色社会主义思想学习纲要》，学习出版社2019年版，第158页。

[3] 中共中央宣传部：《习近平新时代中国特色社会主义思想学习纲要》，学习出版社2019年版，第158页。

[4] https://epaper.gmw.cn/gmrb/html/2024-07/22/nw.D110000gmrb_20240722_1-01.htm.

于无产阶级使命的论述，到社会主义生态文明观以制度规范和保障人民变化了的生态环境需要，能够看到，循着马克思自然观的理论演进轨迹，社会主义生态文明观实现了对"两个制高点"的继承性发展，并以新时代生态文明建设的历史性成就赋予马克思自然观以新内涵。

3.1.2　实现对中华优秀传统生态文化的创造性转化

中华传统文化中蕴含着人与自然和谐相处的生态意涵，人的本质与自然的本质统一于"天人合一"的经典命题之中，社会主义生态文明观在一定程度上继承了其中合理的文化基因。

就社会主义生态文明观对于中国传统生态文化的继承而言，关于尊重自然规律、发挥人的主观能动性以及实现人与自然和谐统一的思想可谓一脉相承。一方面，天人合一作为一种全面的观念，既要改造自然，也要顺应自然，既不屈服于自然，也不破坏自然。应调整自然使其符合人类的愿望，以天人相互协调为理想。与西方哲学传统相比，古代中国传统哲学并不存在凌驾于万物之上的神。因为中国传统文化认为人诞生于自然界之中，并以自身生命体验赋予自然意义，同时在感悟自然中彰显自我的本质。这种朴素的对自然的认识方式相比于早期的物我不分，实则也是一种进步。社会主义生态文明观在此基础上，以辩证思维认识人与自然的关系，"人与自然是相互依存、相互联系的整体，对自然界不能只讲索取不讲投入、只讲利用不讲建设。保护自然环境就是保护人类，建设生态文明就是造福人类"，[1]人类社会未

---

[1]　中共中央宣传部：《习近平新时代中国特色社会主义思想三十讲》，学习出版社2018年版，第243页。

来的可持续性取决于人与自然在多大程度上是和谐有序的。另一方面，"天人合一"命题蕴含着遵循自然本性的前提，这样方可改造自然。作为古代传统哲学的重要组成，道家思想将顺应自然规律与获得幸福联系在一起，庄子以"牛马四足，是谓天；落马首，穿牛鼻，是谓人"[1]表述万物内在规律，并且认为人之本质在于能够对自然状态进行改造，但这种改造只有顺应自然规律才能彰显出两者关系的和谐。罔顾规律则会导致恶果，即"复命曰常，知常曰明。不知常，妄作凶"。[2]中国特色社会主义生态文明观同样强调要在顺应自然规律的基础上开发和利用自然，具体到生态文明建设实践则以"坚持节约优先、保护优先、自然恢复为主的方针"，[3]要求人的经济活动符合自然规律。以中华传统文化"天人合一"理念观照之，社会主义生态文明观实现了对中华优秀传统生态文化的传承。

与此同时，生产力发展使新时代面临新问题，包括物质、文化、社会交往联系的加深以及整体文明程度的提升都对中国传统生态哲学智慧提出转化和升华的迫切要求，因此社会主义生态文明观在价值取向、自然和人所处地位以及技术主体的使用要求三个维度上与传统生态文化有所不同：

第一，致力实现的价值目标不同。中华传统文化"天人合一"思想更多发挥着工具属性，其落脚点并非尊重人和自然本身的价值属性，相反在于维系君主统治。一方面，关注和尊重自然是为了获得好的收成，因而"天人合一"思想带有明显的功利色

---

[1] 《庄子·秋水篇》，商务印书馆 2018 年版，第 285 页。

[2] 《老子》，华夏出版社 2017 年版，第 34 页。

[3] 中共中央宣传部：《习近平新时代中国特色社会主义思想学习纲要》，学习出版社 2019 年版，第 154 页。

彩。传统的农业文明中就包含着重视自然的传统，但分析一命题必须结合特定的历史语境，并观照其在时代条件变化的情况下原有的合理性是否依旧合理。中国传统农耕生产方式以及孕育的农业文明，使得以天和地为代表的"自然"成为劳动群众生存和发展的物质保障，即生产力水平的低下使得自然界中的产品直接就是生产和生活资料。同时，君主维系自身统治的关键也离不开自然提供的农产品，因此给予自然以崇高地位。此外，人们限于认识水平不能科学解释自然界中的许多现象，出于对自然的"迷魅"更加滋生尊重和敬畏之感。换言之，尊重自然的传统不过是"集体无意识"之举，从意识发展阶段来看处于自在阶段。另一方面，关注和尊重人的背后实际上是对于人所嵌入的宗法制度的维系，"天人合一"具有明显的历史印记。人天生的自然本性和通过教化习得的"礼"和"仁"的"社会属性"之所以得到强调，正在于这些社会属性具有维护现存社会结构秩序的功能。如荀子关于礼的表述，"人生而有欲，欲而不得，则不能无求；求而无度量分界，则不能不争；争则乱，乱则穷。先王恶其乱也，故制礼义以分之，以养人之欲，给人之求，使欲必不穷于物，物必不屈于欲，两者相持而长，是礼之所起也"；[1]达到"礼"或"仁"应该"志于道，据于德，依于仁、游于艺"。[2]实际上"社会关系"和"自然关系"通过"礼"才能实现统一。与此相反，社会主义生态文明观以新时代自觉意识重新摆正人与自然的关系。"要像保护眼睛一样保护生态环境，像对待生命一样对待生态环境"的表述将人与自然从主客体维度提升为血脉相连的伦理共同体，是针

---

[1]《荀子》礼论，中华书局 2007 年版，第 158 页。
[2] 钱穆:《论语新解》，生活·读书·新知三联书店 2018 年版，第 154 页。

对人与自然的内在价值而言，因而与传统生态思想相比，其价值目标指向满足人民日益增长的优美生态环境需要、守住自然生态安全边界、建成"美丽中国"。

第二，对待技术的态度存在差异。运用技术需要以主体性的发挥为前提条件，在此前的章节（2.2.3）中我们也肯定了儒家中"知天命而用之"彰显的主体性，但这种肯定并不等于技术乐观主义思想，相反，古代传统生态哲学对于技术运用总体上持谨慎态度，这种谨慎表现为最大程度上减少对于自然本身的破坏和干涉。实际上，拒绝技术文明不过是一种"浪漫主义"的幻想，因为技术引起的生产力发展遵从生产力第一性原理，是推动社会变革的首要前提和物质力量，即使从原始社会向农业社会的过渡也离不开生产工具的革新。与此相反，社会主义生态文明观在尊重自然的前提下，实现了环境保护和技术进步的统一，最为典型的是通过绿色科技革命推进生产方式、生活方式以及治理方式的生态化转型，从而将保护环境落到实处。因为物质文明尽管存在于自然物质世界中，但只有在社会历史领域中文明方可称为"人"的文明，才能显现社会历史的进步目的，而以科学技术为代表的生产力发展是区分不同文明的前提，例如为人所熟知的农业文明和工业文明的划分。尽管学者就生态文明是新的文明类型还是生态化的工业技术产物[1]存在分歧，但从以上分析来看，提升工业技术的生态化水准才能使生态文明成为现实。

综上，尽管社会主义生态文明观包含中国古代传统生态哲学的文化基因，但在新时代条件下所进行的创造性转化不仅有利于

---

[1] 汪信砚：《新冠疫情背景下生态文明建设若干问题再思考——对王凤才、张云飞、王雨辰教授等人文章的回应》，《东岳论丛》2020 年第 8 期。

发扬其中的优秀文化传统，而且为彰显"中国特色"提供了独特的思想理论标识。

3.1.3　实现对西方生态自然观的批判性超越

西方学界在 20 世纪 70 年代以来围绕生态问题产生的根源、走出生态困境等问题形成相关理论学派，尽管各个学派之间的理论主张存在差异，但共同点在于都将生态问题在本质上视为现代性症候的表现，于其而言"现代性是一场未竟的方案"。这恰恰构成西方生态自然观的内在悖论：试图超越现代性的努力始终未离开启蒙运动以来形成的"主客二分"基座，充其量是"转移"而非"根治"生态危机问题。与此相反，社会主义生态文明观生发于全球性生态问题的论域，其并不是对生态问题的"小修小补"，而是立足中国实际问题并以全球视野和人类情怀致力于破解世界难题。这种破解的理论可能性源于不带意识形态色彩、正确对待西方生态自然观的态度。社会主义生态文明观作为反映时代的哲学秉承的是开放性思维，此种开放性思维不仅在时间上要求对本国优秀传统生态文化哲思进行历史性继承，而且要求在空间维度上对西方生态自然观理论进行批判性超越，若此才真正形成一种理论的"自我主张"。

对于西方各种理论流派的把握需要回到现代性土壤之中。纵观围绕解决生态问题产生的各类理论思潮（贯穿其中的方法是逻辑归纳而非历史时间的先后顺序），无论是直接反对主体性哲学兴起的、以"非人类中心主义"价值立场为代表的"深绿"思潮，还是为反对"非人类中心主义"理论主张再度掀起的、以"现代人类中心主义"为代表的"浅绿"思潮，再或者旨在从价值观批判深入到制度批判维度的"红绿"思潮，他们所立足的框架总体上隶属于现代文明。现代文明在面对生态问题时的"失效"，缘于其作为抽象的普遍原则逐渐遮蔽了自身的实体性内容。这里再度对"现代文明"作出说明：理解现代文明必须把握住其中实体性和现实性的内容，并将其置于特定的历史语境中。要言之，通常意义上所使用的现代文明本质上是资本主义文明，或被描述为具有明显地域特征的西方文明或者欧洲文明。无论是黑格尔对现代文明所冠以的"日耳曼世界"的限定，[1]还是海德格尔所说的"地球和人类的欧洲化"，[2]皆意味着现代文明的产生首先——而且不能不——具有地域性和特殊性。但这一特殊的现代文明（为了不引起混乱下文使用"西方文明"代替"现代文明"）在发展过程中却逐渐引领了世界历史发展趋势，不仅以自身的特殊性获得了普遍性，而且在世界历史架构中建立起了"支配和从属关系"，[3]马克思对此论述道："资产阶级由于开拓了世界市场，使一切国家的生产和消费都成为世界性的了。"[4]依循上述分析理论，如果说资本主义社会的实体性内容具有特殊性，那么西方文明的现代化范式在进步意义中则获得了普遍性，但随后"西方文明"成为被抽取掉资本主义社会内容的抽象概念，并被未加反思地运用到任何一个想要实现进步的民族国家，这就导致"西方文明"的概念遮蔽着资本主义社会的实体性内容，这种实体性内容显然不再仅仅意味着进步，同时也包括其中存在的矛盾和对立。

---

［1］［德］黑格尔：《历史哲学》，王造时译，上海书店出版社2006年版，第324页。

［2］［德］海德格尔：《面向思的事情》，陈小文、孙周兴译，商务印书馆1999年版。

［3］吴晓明：《马克思主义中国化与新文明类型的可能性》，《哲学研究》2019年第7期。

［4］《马克思恩格斯文集》第2卷，人民出版社2009年版，第35页。

　　让我们再度回到"现代文明"概念本身。作为西方各种生态自然观理论基座的现代文明实际上与资本主义社会的产生、发展和衰亡紧紧联系在一起,理解自然的地位就需要我们掌握其在以资本主义生产方式为代表的现代社会中展现的总体变化轨迹。实际上,主体性哲学和资本逻辑构成理解自然问题的两个主要方面。一方面,主体性哲学使自然"质料化"。自然的地位在西方现代性发育的过程中发生翻转,生态问题进一步催生了坚持"人类中心主义"或"生态中心主义"立场的应对方案。文艺复兴以前,自然作为本体论意义上的存在统摄世间万物,加上早期人类"沉睡"的主体性意识使人类选择"共同体"的生活方式,因而传统社会中共同体的构建,实际上是由作为客观理性的自然逻辑所决定的,敬畏自然和依赖他人成为个人生存的常态。人从自然的依附者变为"主宰者"肇始于个人主体意识的崛起。客观理性虽然具有呈现早期人类生存方式、规范人类共同价值秩序的优势,但因其无法适应现代社会经济活动发展要求而必然为更高位阶的理性形态所扬弃,只有"主体性乃是现代的原则"。[1]自培根提出人作为自然的立法者,其开启的新认识论不再是关于客观理性的秩序的学说,而更突出人类理性所具有的反思功能,此时本体论上的自然下降为认识论的自然,即古代作为"逻格斯"的自然秩序被降格为人类理性试图把握和掌握的"质料",人开始了对自然的宣战。海德格尔明确表达了对于现代形而上学的担忧:丧失"本己的存在特性"的自然被深深嵌入"意识的内在性之中"。另一方面,资本逻辑使自然"商品化"。将自然作为客体控

---

　　[1]　[德]哈贝马斯:《现代性的哲学话语》,曹卫东等译,译林出版社2004年版,第19页。

制的主体性哲学植根于现实的物质生活基础，资本逻辑则为世俗基础的表达，资本内在增殖的意志必然使自然"商品化"而遭到破坏。《论犹太人问题》谈到"社会一旦消除了犹太精神的经验本质，即经商牟利及其前提，犹太人就不可能存在，因为他的意识将不再有对象"。[1]资本作为社会关系的本质使得其为了实现增殖目的，要不断对现实世界中的自然资源进行物化、商品化乃至资本化。同时，还要将自然置于整个资本运作过程中来分析，即作为社会关系的资本必须借助自然这一物质载体才能展开现实运动。资本作为总体扩张机制需要无限汲取自然界的"自然力"，这一总体机制最大限度追求和占有剩余价值的目的需要通过降低生产成本的方式来实现，自然资源由于"不费分文"成为资本的掠夺对象，但自然资源再生所需的周期性以及分布的有限性与资本无限增殖的目的构成内在冲突，由此造成了生态危机的发生。实质上，生态问题乃至生态危机是西方文明本身的危机，而这种危机建立在"主体性哲学"所确定的框架上。

　　社会主义生态文明观立足现代文明并旨在超越现代文明，通过扬弃现代文明理论有可能开出一种新的文明类型。要言之，传统哲学认识论框架被存在论意义上的"人与自然是生命共同体"所替代。不同于主张人与自然二元对立的生态哲学观，这种思想首先强调人与自然之间的休戚与共，"人的命脉在田，田的命脉在水，水的命脉在山，山的命脉在土，土的命脉在林和草"。[2]事实上，自然既非人类中心主义者主张的工具性存在，也非生态

－－－－－－－－

　　[1]《马克思恩格斯文集》第1卷，人民出版社2009年版，第55页。
　　[2] 中共中央宣传部：《习近平新时代中国特色社会主义思想学习纲要》，学习出版社2019年版，第157页。

中心主义者主张的人类应当服从的对象。作为始终伴随着人类生存发展的外部环境条件，人类在开发利用自然时要做到尊重自然规律和发挥人的能动性相统一："要通过改革创新，让土地、劳动力、资产、自然风光等要素活起来，让资源变资产、资金变股金、农民变股东，把绿水青山蕴含的生态产品价值转化为金山银山。"[1]其次，不同于人类中心主义者主张自然资源私有化以及市场化配置，且不同于生态中心主义者简单反对科技的做法，人与自然生命共同体立足于通过全面的社会变革来解决生态环境问题。全面是社会各方各领域的协调统筹，既有生产方式和生活方式的变革，也有思想观念的变革："生态环境问题归根结底是发展方式和生活方式问题……加快形成节约资源和保护环境的空间格局、产业结构、生产方式、生活方式，把经济活动、人的行为限制在自然资源和生态环境能够承受的限度内。"[2]同时，全面也是社会各方主体行动的联合。国内层面上，"美丽中国"和"社会主义现代化强国"目标都需要平衡个人目标与集体目标、个体利益与集体利益之间的关系。治理主体上，既要实现企业、政府、市场等治理主体之间的协同共治，又要着眼于环境问题发生的源头、过程、后果来进行制度设计，以此助力"美丽中国"目标的实现。国际维度上，全面意味着并非个别国家或者个别民族之间的联合，因为生态问题早已上升为全人类所面临的共同问题。"建设绿色家园是各国人民的共同梦想"道出了世界人民对

---

[1]　中共中央宣传部：《习近平新时代中国特色社会主义思想学习纲要》，学习出版社 2019 年版，第 155 页。

[2]　中共中央宣传部：《习近平新时代中国特色社会主义思想学习纲要》，学习出版社 2019 年版，第 155、156 页。

于生态利益的需要。可以说,生命共同体无论是作为一种生态维度的科学认识,还是哲学层面的价值目标,其所关切的生态环境是为全体人民共同享有的民生福祉,需要建基于共同价值观基础上的"集体行动"。就此而言,生命共同体理论在对生态问题的解决上,相比生态中心主义者主张的反对科技进步,以及人类中心主义者主张的通过单一产权安排或市场化手段谋求生态危机的出路,更加具有现实性与价值性。

3.2 社会主义生态文明观的发展历程

理论是在实践中从自在自为状态成长为自觉状态的。社会主义生态文明观作为理论自觉的产物,凝结了中国共产党认识与处理人与自然的关系的百年实践历程和思想精华,其中理论成长过程只有经历与现实社会实践活动的良性互动,才能相互形塑进而不断完善自身。然而受制于特定历史条件,当时中国共产党关于人与自然关系的认识并非完备的。无论如何,理论的自为阶段及对应的实践活动始终彰显社会主义生态文明观体现的中国逻辑和中国价值。

3.2.1 1949—1978 年: 社会主义生态文明观的准备阶段

新中国成立以后,以毛泽东同志为主要代表的中国共产党人以高度政治自觉将生态保护问题纳入社会主义建设任务之中,并团结带领全国人民开展了一系列兴修水利、建设农田、改良土壤等工作实践。但这一时期关于人和自然关系的认识总体上受制于历史实践的制约,因而总体上处于社会主义生态文明观发展的准备阶段。

　　走社会主义道路构成毛泽东认识人与自然的关系的时代底蕴。20 世纪两次世界大战造成的生态创伤是资本逻辑反生态性的体现，按照马克思的分析只有依托无产阶级全面变革社会、建立共产主义社会才能消除生态危机。另外，资本逻辑的逆生态性及鸦片战争等所暴露的资本主义制度的侵略性显示出中国走资本主义道路的不可能性，因而"中国的现代发展只有通过一场真正的社会革命才能获得其客观的奠基，那么正是由于这一基础本身，社会主义的定向乃历史地成为其现代化发展进程的本质规定"。[1]尽管社会主义现代化探索进程中也出现了环境问题，但这并不能证伪马克思自然观关于共产主义社会实现"两个和解"的论断。

　　毛泽东提倡在尊重自然规律的前提下治理自然。尽管自然在马克思语境中指涉与人的实践活动相关的自然界，但他和恩格斯从来没有否认"自在自然"的先在性，恩格斯在《自然辩证法》中警示的"我们不要过分陶醉于我们人类对自然界的胜利，对于每一次这样的胜利，自然界都对我们进行报复"，[2]即是对不以人的意志为转移的自然规律的强调。毛泽东同样提出"人类者，自然物之一也，受自然法则之支配"[3]，该论断体现他按照自然规律进行生态治理的主张。其中最著名的就是新中国建设初期的"四大水利"工程。毛泽东在《我们的经济政策》中强调"我们的经济政策的原则，是进行一切可能的和必须的经济方面的建设，集中经济力量供给战争"[4]，"在目前的条件之下，农

---

　　[1]　吴晓明：《论中国学术的自我主张》，复旦大学出版社 2016 年版，第 14 页。

　　[2]　《马克思恩格斯文集》第 9 卷，人民出版社 2009 年版，第 559、560 页。

　　[3]　《毛泽东早期文稿：1912.6—1920.11》，湖南出版社 1990 年版，第 194 页。

　　[4]　《毛泽东选集》第 1 卷，人民出版社 1991 年版，第 130 页。

业生产是我们经济建设工作的第一位"[1]。其中谈到农业生产面对的必要困难方面，他进一步指出"水利是农业的命脉，我们也应予以极大的注意"。[2] 以兴修水利为例，我国水资源分布不均以及特定阶段传统生产力发展受限使得无法抵御国内频发的洪涝灾害，水患给人民群众造成巨大损失。1950 年夏天，淮河曾经发生比较严重的洪涝灾害，毛泽东数次亲自视察淮河、黄河等流域，并提出"要根治淮河""把黄河的事情办好"等，号召各省份采用协同合作、分段治理等方法，系统治理和特殊治理相结合，这在促进当时农业生产、保障人民群众生活中发挥重要作用。

毛泽东对自然的认识与改造活动秉持人民至上的价值立场。无论是其强调的尊重自然规律，还是"人定胜天""改造自然的态度"，事实上均反映了在落后条件下旨在通过利用自然力与发展物质力量来提升人民生活水平的朴素愿望。同一时期，自然不仅是物质实在的自然，同时也是新中国成立初期需要花大力气解决的困难。中共七大上提出"封建主义"和"帝国主义"两座"大山"的移除要依靠人民坚强的意志，实际上我们党始终自觉将解决自然环境问题与解决生产问题、政治问题、社会问题有机统一起来，并以实际工作赢得了民心。这里需要澄清一个认识误区，即有学者据毛泽东讲过的"向地球开战"而认为社会主义建设初期我们的价值论与西方工业文明一样，要理解这句话必须回到特定社会主要矛盾主导的特定历史时期，断章取义地理解"向地球开战"，有失偏颇。

---

[1]《毛泽东选集》第 1 卷，人民出版社 1991 年版，第 131 页。
[2]《毛泽东选集》第 1 卷，人民出版社 1991 年版，第 132 页。

3.2.2　1978—2012 年：社会主义生态文明观的形成阶段

《关于保护和改善环境的若干规定（试行草案）》提出："既要从发展生产出发，又要充分注意到环境的保护和改善，把两方面的要求统一起来，统筹兼顾，全面安排。"该论述意味着中国生态环境保护意识的觉醒，也蕴含着此后我们党治理生态环境的思想方法原则的萌芽。党的十一届三中全会拉开了改革开放和社会主义现代化建设序幕，邓小平明确提出"中国式的现代化，必须从中国的特点出发"的战略要求。社会主义生态文明观作为马克思主义自然观与中国社会发展实践相结合的产物，也必然要从中国特点出发，并随着我国现代化建设进程的条件和状况而变化。

（1）以经济与环境相协调的辩证发展观

中国经济自 1978 年改革开放启航以后得到迅猛发展，同时以邓小平同志为主要代表的中国共产党人也高度重视环境保护对于社会发展的重要性，并制定了一系列相关政策。一方面，社会主义建设时期留下的严峻环境形势使得生态保护建设势在必行；另一方面，邓小平预见到以"经济建设为中心"的同时，需要兼顾生态问题，于是在 1981 年 2 月颁布的《国务院在国民经济调整时期加强环境保护工作的决定》中，他强调"开发利用自然资源，一定要按照自然界的客观规律办事"。[1]大体说来，邓小平的生态保护思想主要包括如下内容：

立足于经济发展和生态环境保护辩证统一的原则方法。首

---

[1]　国家环保总局、中共中央文献研究室：《新时期环境保护重要文献选编》，中央文献出版社、中国环境科学出版社 2001 年版，第 22 页。

先，承认和尊重自然规律的客观先在性。邓小平在面对黄土高原时说："黄河所以叫'黄'河，就是水土流失造成的。我们计划在那个地方先种草后种树，把黄土高原变成草原和牧区，就会给人们带来好处，人们就会富裕起来，生态环境也会发生很好的变化。"[1]这说明了自然生态系统对于人的生产活动和生活方式所起到的作用，而这建基在自然规律的客观性之上。人类实践活动强度超出生态所允许的限度，则必然会导致环境破坏。第二，尊重自然规律并不意味着放弃人民的生产生活实践，而是要在实践中更好地保护自然。例如，1986年11月公布的《中国自然保护纲要》提出"在开发自然资源时，要在调查研究的基础上，按照不同的类型、区域和特点，制定符合实际的保护和开放规划，坚持因地制宜"。[2]该纲要作为中国第一部保护环境和资源的文件指导着自然保护工作的展开。党除了关注经济活动对生态平衡影响之外，还考虑到人口和环境资源的供应能力与经济发展相协调，随后实施计划生育政策从一定角度来说也是为了控制人口过快增长对生态环境带来的压力。该时期中国的环境保护战略，主要集中于经济建设、城乡建设和环境建设同步规划、同步实施和同步发展的"三同步"和实现经济效益、社会效益和生态效益的"三统一"。

重视制度建设的保障作用。制度作为调整人与人之间利益分配格局的手段，同时还是牵引各类社会关系使之适应生产力发展的有效手段。宏观层面上，1956年社会主义制度的确立为日

---

[1] 国家环保总局、中共中央文献研究室：《新时期环境保护重要文献选编》，中央文献出版社、中国环境科学出版社2001年版，第33页。

[2] 国家环保总局、中共中央文献研究室：《新时期环境保护重要文献选编》，中央文献出版社、中国环境科学出版社2001年版，第93页。

后社会活动的展开提供了前提保障，虽然当时毛泽东认为这种社会形态"还没有完全建成"，[1]但制度属性从根本上确保了日后资本控制自然局面的不可能发生；1981 年党的十一届六中全会审议通过的《关于建国以来党的若干历史问题的决议》指出"尽管社会主义制度还是处于初级的阶段，但我国已经进入了社会主义社会"，这个表述从侧面说明了社会主义制度与资本主义制度在对待生态问题认识和解决上的异质性。微观层面上，我国配套制定具体的环保政策，并将保护环境上升为基本国策之一。例如"集中力量制定刑法、民法、诉讼法和其他各种必要的法律，例如工厂法、人民公社法、森林法、草原法、环境保护法、劳动法、外国人投资法等"；[2]1983 年召开的第二次全国环境保护会议，不仅使得环境保护成为基本国策，而且生态建设作为社会工作展开的中心环节被逐步常态化，例如 1984 年植树节被纳入《中华人民共和国森林法》，并颁布实施。总之，社会主义的根本制度属性以及各项具体的环保措施使得自然保护朝着现代化、规范化以及法制化局面发展。

发挥科技作为环保内生动力的作用。由生产力革命推动的社会进步发展助力开启现代化征程，其中科技作为助推力量首先提高劳动的自然生产率，自然和科技二者在实践中相互形塑进而实现了良性发展。在我国社会主义制度的政治前提下，环保技术作为增进人民福祉而非资本逐利的手段在实践中不断促进环保事业发展。基于此，邓小平将科学技术视为"第一生产力"，认为"将来农业问题的出路，最终要由生物工程来解决，要靠尖端技

---

[1] 毛泽东：《毛泽东文集》第 7 卷，人民出版社 1999 年版，第 214 页。

[2] 《邓小平文选》第 2 卷，人民出版社 1994 年版，第 146 页。

术。对科学技术的重要性要充分认识"。[1]另外，针对现实生产中工业造成的"三废问题"，提出要善于运用技术的方法加以解决。1978年12月出台的《环境保护工作汇报要点》提出"要大力开展各行各业防治污染、'三废'综合利用技术的研究和环境科学基础理论的研究"，[2]为科技应用于环境保护指明了方向。

（2）以环境保护为核心的可持续发展观

从党的十三届四中全会到党的十六大召开前夕，是以江泽民同志为核心的党中央对人与自然关系的认识的进一步拓展。2002年召开的党的十六大将"促进人与自然的和谐"[3]列为全面建设小康社会的重要内容，其主要内容包括可持续发展的战略地位、统筹兼顾的方法论要求以及提质增效的结果的三重内涵。

可持续发展战略体现了中国共产党人在认识人和自然的关系问题上具有的全球视野。1972年在斯德哥尔摩召开的人类环境会议，使得中国逐步意识到生态环境问题的重要性，并制定出相关应对措施；1992年联合国环境与发展大会通过的《21世纪议程》在人口、资源和环境方面提出可持续发展要求，进一步加深中国共产党人对于可持续发展战略的认识。尽管以上认识大多出于中国在现代化进程中应对环境问题的一些回应，但无论如何意味着中国不再将生态问题视为仅仅存在于发达资本主义国家中的外部难题，相反要结合中国式现代化建设进程来考虑生态环境问题，因为问题解决方式直接影响一个国家社会经济形态内部的发展模式。1992年中国还批准作为第一个国家级可持续发展战略

---

[1]《邓小平文选》第3卷，人民出版社1993年版，第275页。

[2] 国家环保总局、中共中央文献研究室：《新时期环境保护重要文献选编》，中央文献出版社、中国环境科学出版社2001年版，第16页。

[3]《江泽民文选》第3卷，人民出版社2006年版，第544页。

的《中国 21 世纪人口、环境与发展白皮书》；1995 年中国共产党十四届五中全会的召开，使可持续发展战略正式被纳入国民经济和社会发展的长远规划；1996 年第四次全国环境保护会议上，江泽民再次重申必须把贯彻可持续发展战略始终作为一件大事来抓；[1]1997 年党的十五大报告指出在"现代化建设中必须实施可持续发展战略"。由此，以资源与环境可持续发展、将经济发展控制在生态环境能够承受的限度内为内容的人与自然和谐发展思想基本形成，这种认识提供了关于全球生态问题的中国视角。

　　统筹兼顾的方法论要求对自然规律与社会发展规律予以全面把握。可持续发展战略在具体生态保护实践中的实施遵循统筹兼顾的方法原则。1995 年江泽民在《正确处理社会主义现代化建设中的若干重大关系》的讲话中强调，从全面出发，统筹考虑各项工作的关系，兼顾各种利益关系，综合平衡在可持续发展过程中的各种复杂关系，[2]其中改革、发展、稳定三者间的关系是经济社会主要面对的任务和工作。具体说来，实际开展环境保护工作要处理好以下关系：就源头上，处理好开发与节约的关系。自然资源的有限性要求厉行节约，"地球的物质资源是有限的。人类要实现持续的发展，必须在资源开发和利用上找到新的途径"；[3]就过程中，必须坚持经济效益和生态效益、短期利益和长远利益的统一，因而"千万要注意，在加快发展中绝不能以浪费资源和牺牲环境为代价"。[4]此外，绿色环保立法和执法、

---

　　[1]《江泽民文选》第 1 卷，人民出版社 2006 年版，第 532 页。

　　[2] 刘国华:《中国化马克思主义生态观研究》，东南大学出版社 2014 年版，第 133 页。

　　[3]　江泽民:《论科学技术》，中央文献出版社 2001 年版，第 221 页。

　　[4]《江泽民文选》第 1 卷，人民出版社 2006 年版，第 533 页。

绿色运动的开展等都体现了统筹兼顾的方法论要求。

提质增效的关键在于科技力量。对于科学技术作用的思考也是一以贯之的，经历了从"科技是第一生产力"到"是一种在历史上起推动作用的革命的力量"的认识变化，[1]科技发展对于生态的影响作用不可忽视。传统粗放型的经济增长方式之所以面临"有增长无发展"的困境，实际上是由于未能正确处理好速度与效益两者关系，未来可持续发展的实现和难点正在于"速度和效益的有机结合"。[2]这种结合凭借现代科技的应用才成为可能：生产方式上能够实现粗放型到集约型的转变，生产结果上能够实现污染型向生态型的转变。另外，科技教育对于人才的培养是科技创新的决定性力量。不仅要通过教育培养创新人才，更要通过教育增强全体公民的生态意识，以此提升整个社会乃至整个国家的文明程度。这种文明意识当然包括生态意识、生态观念或者生态伦理的文明现代化，即一种现代化了的生态意识观念。

（3）以人为本为价值追求的科学发展观

党的十六大后，以胡锦涛同志为总书记的党中央明确提出科学发展观，这种超越传统发展模式的新发展观包含着一种自觉的生态文明观念。党的十七大报告不仅首次将"生态文明"写入党代会报告，并明确"生态文明观念在全社会牢固树立"的基本内容。正是在这一部署和要求下，中国大地上掀起了一场自觉意义上的生态文明建设，并确立了一种自觉的社会主义生态文明观念。

以人为本构成科学发展观的核心。以人为目的是社会进步

---

[1] 江泽民：《论科学技术》，中央文献出版社2001年版，第2页。

[2] 中共中央文献研究室：《改革开放三十年重要文献选编》（上），中央文献出版社2008年版，第856页。

发展所秉持的原则，但在理解上其不等于"人类中心主义"的价值立场。以人为本强调人在与自然的和谐共生中满足人类的物质需求、精神需求和审美需求，从而实现自身与自然的双向发展。"人类中心主义"则强调以"主—客"二元对立的思维范式对待自然，由此破坏自然最终将引发人的生存危机，并导致人类启蒙运动的实践困境。党在立足改革开放以来取得的成就基础上作出总结，认识到"良好的生态环境是社会生产力持续发展和人们生存质量不断提高的重要基础"，[1]这句话隐含着物质丰裕所奠基的财富观的价值维度，与科学发展观以人为本的价值内涵内在一致。即要求解决发展过程中出现的生态问题，让人民在享有经济发展的同时，能够享受良好生态环境带来的社会福祉。

发展构成科学发展观的关键要义。尽管中国人民的温饱问题在 20 世纪 80 年代得到了基本解决，但从温饱到小康的历史性跨越仍然不能让我们忽视以下历史事实，即中国的社会主义仍然处于初级阶段这一基本国情。2007 年党的十七大报告中所概括的新特点仍处于这一基本国情之下，因而决定着发展（尤其是经济发展）仍然是未来长时段内的重点，但这种发展不再是单纯注重增量的发展，而是兼顾速度和质量的"又好又快"的发展，旨在以发展促民生，即"强调第一要义是发展，是基于我国特色社会主义初级阶段基本国情，基于人民过上美好生活的深切愿望，基于巩固和发展社会主义制度，基于巩固党的执政基础、履行党的执政使命作出的重要结论"。[2]上述论断凸显了发展在经济建

---

[1]　中共中央文献研究室:《十六大以来重要文献选编》（上），中央文献出版社 2005 年版，第 853 页。

[2]　中共中央文献研究室:《十七大以来重要文献选编》（上），中央文献出版社 2009 年版，第 105 页。

设与生态文明建设双重领域的要求，历史已经证明以牺牲自然生态环境为代价换来的"单向度"经济发展，不符合历史进步的客观要求。此外，发展的全面均衡不仅要求经济建设与生态建设的同时推进，更要着眼于缩小生态贫困地区与生态富裕地区之间的区域发展差距；发展的可持续状态则从时间维度上要求解决当代与后代的生态正义问题，避免以牺牲子孙后代利益换取眼前发展利益，遏制资本逻辑对于个体生命的殖民和僭越。

全面协调可持续以及统筹兼顾是科学发展观的方法论要求。全面协调可持续作为基本要求体现了整体思维，统筹兼顾作为根本方法体现了辩证思维。就前者而言，内容上涵盖了生产、生态和生活的"三生"格局，空间上涵盖了城乡之间、国内发展和对外开放之间的关系，时间上涵盖了当代人和后代人的利益，因而要求以系统性眼光将生态问题置于战略性地位的高度。就后者而言，最主要的是处理好在过去发展经验中看似不可兼顾的关系，例如经济与社会的关系、经济与自然的关系等。2005 年 10月，在党的十六届五中全会上提出的构建资源节约型和环境友好型的"两型"社会就是为了促进和谐社会的实现，是关于人与自然和谐关系的重要理论成果。胡锦涛就此指出："加强能源资源节约和生态环境保护，增强可持续发展能力。坚持节约资源和保护环境的基本国策，关系人民群众切身利益和中华民族生存发展。"[1]2010 年 10 月在"两院"院士会议上提出的以"发展循环经济和低碳技术"为内容的"绿色发展"，在实践中反映了人与自

---

[1] 胡锦涛：《高举中国特色社会主义伟大旗帜 为夺取全面建设小康社会新胜利而奋斗——在中国共产党第十七次全国代表大会上的报告》，人民出版社 2007 年版，第 24 页。

然和谐关系的基本理念。

　　总之，改革开放以来社会主义现代化这场现实社会运动过程中，不仅马克思自然观的理论创新实现了飞跃性发展，中国共产党关于人与自然关系的理论认识也在实践中一步步更趋自觉与完善。但正如任何理论自觉都不可能一蹴而就，一方面，要承认该时期的理论自觉并未完全消除生发于现实生产和生活实践中的环境污染问题，这是由社会主义所处阶段的性质和社会主要矛盾决定的：尽管中国已经在社会关系层面上实现了跨越式发展，然而就历史唯物主义的客体向度而言，仍要补齐作为自然历史过程的"生产力"发展这一课。另一方面，不能以该阶段产生的生态问题来否认社会主义制度的优越性。的确，社会主义与资本主义同样需要发展生产力，发展生产力的过程中同样难免产生生态问题，但并不能据此武断地认为社会主义与资本主义制度一样，与优美生态环境不相容。因为就问题解决来看，不仅两种制度秉持的价值立场根本不同，而且应对问题的方式方法和思维模式等也全然不同。随着中国特色社会主义事业进入新时代，与实践相互激荡和相互促进的社会主义生态文明观也进入新的历史方位。

3.2.3　2012 年至今：社会主义生态文明观的丰富阶段

　　党的十八大以来，习近平总书记站在中华民族永续发展的高度，以马克思主义政治家、思想家、战略家的深邃洞察力、敏锐判断力、理论创造力，深刻把握共产党执政规律、社会主义建设规律、人类社会发展规律，统筹推进"五位一体"总体布局、协调推进"四个全面"战略布局，继承和发展新中国生态文明建设探索实践成果，大力推动生态文明理论创新、实践创新、制度创新，创造性提出一系列富有中国特色、体现时代精神、引领人类文明发展进步的新理念新思想新战略，形成了习近平生态文明思想。

我们需要深刻理解和把握习近平生态文明思想的科学体系。习近平生态文明思想是习近平新时代中国特色社会主义思想的重要组成部分，是社会主义生态文明建设理论创新成果和实践创新成果的集大成，是一个系统完整、逻辑严密、内涵丰富、博大精深的科学体系，标志着我们党对社会主义生态文明建设的规律性认识达到新的高度。**习近平生态文明思想的鲜明主题是努力实现人与自然和谐共生**。人与自然是生命共同体，生态兴衰关系文明兴衰，如何实现人与自然和谐共生是人类文明发展的基本问题。习近平总书记站在中华民族和人类文明永续发展的高度，深刻把握人类社会历史经验和发展规律，汲取中华优秀传统生态文化的思想智慧，直面中国之问、世界之问、人民之问、时代之问，坚持用马克思主义之"矢"去射新时代生态文明建设之"的"，围绕人与自然和谐共生这一主题，深刻阐释了人与自然和谐共生的内在规律和本质要求，深刻揭示并系统回答了为什么建设生态文明、建设什么样的生态文明、怎样建设生态文明等重大理论和实践问题，为中华民族伟大复兴和永续发展提供了强大思想武器，为人类社会可持续发展提供了科学思想指引。**习近平生态文明思想的形成发展具有深厚的理论依据、实践基础、文化底蕴**。这一思想继承和创新马克思主义自然观、生态观，运用和深化马克思主义关于人与自然、生产和生态的辩证统一关系的认识，是对西方以资本为中心、物质主义膨胀、先污染后治理的现代化发展道路的批判与超越，实现了马克思主义关于人与自然的关系思想的与时俱进。这一思想是在几代中国共产党人不懈探索的基础上，针对新时代人民群众对优美生态环境有了更高的期盼和要求这一重大变化，以新的视野、新的认识、新的理念赋予生态文明建设理论新的时代内涵，开创了生态文明建设新境界。这一思想根植于中华优秀传统生态文化，传承"天人合一""道法自然""取之有度"等生态智慧和文化传统，并对其进行创造性转化、创新性发展，体现中华文化和中国精神的时代精华，为人类可持续发展贡献了中国智慧、中国方案。**习近平生态文明思想的理论体系系统全面、逻辑严密、开放包容**。这一思想系统阐释人与自然、保护与发展、环境与民生、国内与国际等的关系，深刻回答新时代生态文明建设的根本保证、历史依据、基本原则、核心理念、宗旨要求、战略路径、系统观念、制度保障、社会力量、全球倡议等一系列重大理论与实践问题，对新形势下生态文明建设的战略定位、目标任务、总体思路、重大原则作出系统阐释和科学谋划，是生态文明建设的总方针、总依据和总要求。这一思想体系完整、逻辑严密，既讲是什么、为什么，又讲怎么看、怎么办，是关于生态文明建设的认识论、价值论和方法论，深刻揭示了生态文明建设的历史逻辑、理论逻辑、实践逻辑。这一思想开放包容，既来自中国的实践和理论创新，又吸收世界上可持续发展的优秀成果；既立足中国，又放眼世界；既来自实践，又指导实践，并在实践中不断丰富和发展。党的十八大以来，在习近平生态文明思想的指引下，我国生态文明建设发生历史性、转折性、全局性变化，"美丽中国"建设迈出重大步伐，展现出这一思想的真理力量和实践伟力。

《习近平生态文明思想学习纲要》将习近平生态文明思想的科学内涵概括为"十个坚持"。即坚持党对生态文明建设的全面领导，坚持生态兴则文明兴，坚持人与自然和谐共生，坚持绿水青山就是金山银山，坚持良好生态环境是最普惠的民生福祉，坚持绿色发展是发展观的深刻革命，坚持统筹山水林田湖草沙系统治理，坚持用最严格制度最严密法治保护生态环境，坚持把建设美丽中国转化为全体人民自觉行动，坚持共谋全球生态文明建设之路。其中，"坚持党对生态文明建设的全面领导"位于"十个坚持"之首，既体现了党的百年奋斗历史经验，也是全面系统推进生态文明建设、实现"美丽中国"目标的必然要求。生态环境是关系党的使命宗旨的重大政治问题，我们党带领人民创造更加幸福美好的生活，秉持的一个理念就是搞好生态文明，不断满足人民日益增长的优美生态环境需要。坚持党对生态文明建设的全面领导超越了西方环境理论常见的政府、企业、公众的主体三分法，充分体现了中国的体制优势和制度优势，极大增强了生态文明建设的系统合力。"坚持绿色发展是发展观的深刻革命"是贯彻新发展理念的重要组成部分，是促进经济社会全面绿色转型的必由之路。要坚持绿水青山就是金山银山的理念，把经济活动和人类行为限制在自然资源和生态环境阈值之内，将绿色发展内化于社会主义现代化远景目标之中，将生态文明建设真正融入经济、政治、文化、社会建设之中，通过经济社会全面绿色转型促进"美丽中国"目标实现。"十个坚持"体现了新时代生态文明建设的根本保证、历史依据、基本原则、核心理念、宗旨要求、战略路径、系统观念、制度保障、社会力量、全球倡议，构成习近平生态文明思想的核心内容，展现出鲜明的时代性、系统性和创新性。

习近平生态文明思想作出一系列重大原创性理论贡献，是当代中国马克思主义、二十一世纪马克思主义在生态文明建设领域的重大创新成果。一是坚持和发展了马克思主义。习近平生态文明思想蕴含着丰富的马克思主义立场观点方法，是马克思主义中国化新的飞跃的重要内容。"生态兴则文明兴"，体现了人类史与自然史的互相交融和互相促进，创新发展了马克思主义历史观。"绿水青山就是金山银山"，是站在人类整体利益、共同利益、长远利益上共谋全球永续发展的生态价值观，创新发展了马克思主义生态观。"保护生态环境就是保护生产力，改善生态环境就是发展生产力"，把生态环境作为重要的生产力要素来认识，使生态环境成为经济社会发展的内生变量，创新发展了马克思主义生产力观。"良好生态环境是最普惠的民生福祉"，坚持生态惠民、生态利民、生态为民，使环境成为民生的重要领域，创新发展了马克思主义民生观。**二是继承和创新了中华优秀传统生态文化。**习近平生态文明思想继承弘扬了中华优秀传统生态文化，并根据时代特点进行拓展和创新，使中华传统生态文化焕发出新的活力。在"天人合一""道法自然""民胞物与"等中国古代哲学思想的基础上，进一步提出"人与自然是生命共同体""坚持人与自然和谐共生"等重要生态文明新理念。通过培育生态文化体系，把中华优秀生态文化的思想精髓融入生态文明主流价值观，为中华民族永续发展提供绵延不断、与时俱进的生态文化滋养。**三是**丰富了中国式现代化道路的内涵。从西方国家现代化的历程来看，现代化与工业文明相伴而生，在实现生产力快速发展的同时付出了巨大的生态环境代价。习近平生态文明思想，站在人类命运和中华民族永续发展的战略高度，提出我们建设的现代化是人与自然和谐共生的现代化，强调坚持尊重自然、顺应自然、保护自然的基本原则，守住自然生态安全边界，将"美丽中国"作为社会主义现代化强国建设重要目标，致力于实现生态化和现代化共融共赢。**四是**拓展了人类文明新形态。习近平生态文明思想提出生态文明是工业文明发展到一定阶段的产物，是实现人与自然和谐发展的新要求，使生态文明成为人类文明新形态的核心要素和鲜明特质。从生态文明角度看，人类文明新形态"新"在以人与自然和谐共生为价值引领，"新"在坚持以人民为中心的立场、以满足人民优美生态环境需要为目标，"新"在强调有为政府和有效市场的结合，在加强党对生态文明建设全面领导的同时，将市场化机制作为实现外部性内部化的治理手段，"新"在吸收借鉴人类生态文明优秀成果为我所用，以中华文明为根基推动人类文明交流互鉴，推动构建人类命运共同体。

党的十九大报告正式提出在全社会"树立社会主义生态文明观"，但概念背后的历史和实践逻辑却是一以贯之的，并形成了与之相适应的话语表达形式。历经新时代十年的生态文明建设实践的滋养，习近平生态文明思想的形成标识着社会主义生态文明观进入了理论自觉的状态。需要指出的是，应当以历史唯物主义的角度来理解习近平生态文明思想，即这一思想是中国共产党在探索人与自然的关系的百年奋斗历程上的思想结晶。可从以下几个层面来理解习近平生态文明思想：

本体论层面在人与自然的关系上达到了自觉认识。这种自觉是指破除人与自然的对立关系的认识论框架的自觉。在人与自然的关系经历人定胜天、协调发展、可持续发展以及科学发展阶段后，在新时代两者间的关系上升为"和谐共生"，这种自觉表明中国特色社会主义生态文明观体系取得了历史性成就。如果说"绿化祖国""保护环境"等表述还处于一种将自然作为工具客体进而服务于人类生产生活的自为阶段，那么将人与自然的关系视作"生命共同体"则是理论自我反思的结果。新时代"人与自然生命共同体"以马克思关于"自在自然"的客观性为理论底版，在超出传统主体性哲学之际使自然获得自身的存在意义，但这并不等同于"生态中心论"。首先，山水林田湖草沙构成生命共同体。尽管马克思恩格斯更多考察了作为人的对象性活动结果的"人化自然"，但并没有否定自在自然的先在地位。与此相应，生命共同体中山、水、林、田、湖、草、沙等生态系统，作为有机整体遵循自然规律并为人的需要提供生态产品。古代传统文化中的表述"天地之大德曰生"不仅肯定自然具有生命的事实，还赋予自然以道德价值，因而提示着人们时刻敬畏与热爱自然。其次，人与自然之间也互为生命共同体，坚持人与自然的和谐共生首先意味着人的实践要顺应自然规律。习近平总书记从生命维度上强调，"要像保护眼睛一样保护生态环境，像对待生命一样对待生态环境"。西方工业文明发育时期主动"逼索"自然，其社会财富增长以环境为代价，西方"竭泽而渔"的发展模式尤其是"八大公害事件"更是给人类中心主义者敲响警钟。换言之，自然界作为人的"无机的身体"而存在，为人的本质实现提供经济、文化和生态价值，人与自然达到辩证统一才能更好推动社会发展。

认识论层面体现了对历史发展大势的把握和顺应。这里的大势不能从自然科学领域中的规律进行理解，若此不过只是抽空当下现实的内容。从哲学这一概念高度上对于人与自然存在关系的理解意味着正确的思想还要能改变主体的行动，因为社会关系以及社会与自然的关系相统一的原则只有在现实实践活动中才具有现实可能，历史大势仅仅揭示了人与自然的关系从目前不完善阶段向下一个阶段转变所具有的理论可能。传统社会中的"自然规律"作为"必然王国"对人类生活起着支配作用，随着人类凭借劳动实现"物种关系"方面的提升，"自然环境决定论"的说法日渐式微，社会历史越来越表现为追求自己目的的人的活动。但主体的实践作用无论有多大程度的发挥都不能遮蔽自然的先在地位，否则便会产生"自然的报复"。从党的十八大报告中正式提出包括"生态文明"在内的"五位一体"总布局，到党的十九大报告确定"美丽中国"建设目标，再到党的二十大报告将"人与自然和谐共生的现代化"概括为中国式现代化的中国特色一个重要方面，这些表述标识着中国对社会主义现代化建设规律的认识从局部到全面、从部分协调到全面协调的飞跃，更意味着社会发展凸显生产力的生态维度，而"绿水青山就是金山银山"为历史大势敞露的可能性提供了转换机制。可从如下维度理解"两山理论"：一是，经济活动是人类实践活动的一种方式，经济学视域中的绿水青山是作为自然资本存在的。良好的生态环境不仅能提供经济生产所需要的良好外部环境，进而提高生产效率，而且本身也参与到市场交换活动中，能够创造经济效益和生态效应。如今绿色化作为美丽中国的名片，也对人们具体的生产活动和生活方式提出要求，例如生产活动中要求严格遵守生态保护红线、环境质量底线、资源利用上线三条"线"；日常生活中要求全民树立生态道德观并自觉将其转化为抵制异化消费、践行绿色消费的行为方式。二是，绿水青山就是金山银山需要依靠科技进步。由于区域发展的不均衡，现实中存在一些拥有良好生态环境但却经济落后的地区。受制于当地自然地理条件、交通以及产业基础薄弱等，因而只能"依靠科技创新破解绿色发展难题"。[1]考虑到技术在不同层面运用可能带来的生态和社会不可持续风险，我们需要的技术是兼顾社会可持续发展和以人为中心的目标的绿色技术。因此，"需要依靠更多更好的科技创新建设天蓝、

---

[1] 习近平：《习近平谈治国理政》第 2 卷，外文出版社 2017 年版，第 272 页。

地绿、水清的美丽中国"。[1]总之，重视作为生产要素的生态环境和自然资源等内生变量，以推进生产要素改革走出内涵式的绿色发展道路彰显着习近平生态文明思想的理论自觉。

价值论层面体现了对人民立场的自觉坚持。中国共产党关于人与自然的关系的认识旨在增进民生福祉，例如为改善民生而治理自然，使人民共富的生态协调。以习近平同志为核心的党中央进一步凸显了生态问题具有的政治维度。其一，生态问题就是政治问题。政治反映人民的利益，执政党只有坚守以人民为中心的价值立场才能巩固自身的合法性。社会主义现代化发展的经济转型时期，以前积累的生态问题"既是重大经济问题，也是重大社会和政治问题"，[2]补齐生态问题短板不仅直接关涉民生的生态权益问题，深层次上还关涉地域之间、代际的环境正义问题。将其上升为政治问题有助于突出生态环境之于人民生存发展的价值，也有助于彰显中国共产党致力满足人民真实的生态环境需要的使命和目标。其二，政治维度上具有的生态民生观只有依靠生态文明根本制度及具体制度的保障才能得到切实贯彻。生态文明制度体系已经成为衡量国家治理体系和治理能力现代化的构成要素之一。资本主义制度作为传统现代性模式的标志，其以牺牲环境为代价的经济发展模式不仅背离个体的全面发展，而且由此实现的一部分人的发展也并非"真发展"，因为真发展只有以社会普遍利益的实现为前提才能获得内生动力源泉。党的十九届四中全会将生态、政治、经济、文化、社会建设等制度

---

[1] 习近平：《习近平谈治国理政》第 2 卷，外文出版社 2017 年版，第 271 页。
[2] 中共中央文献研究室：《习近平关于社会主义生态文明建设论述摘编》，中央文献出版社 2017 年版，第 4 页。

协同配套来共同推进人、自然和社会的长远发展，因而中国国家治理体系在解决传统现代社会生态环境问题的同时，其治理效能将在新的生态文明建设实践中得到充分发挥。由此可见，生态民生观和生态法治观体现着社会主义生态文明观的价值立场。

总之，社会主义生态文明观在新时代升华到了全新的境界，尤其是习近平生态文明思想不仅在生态本体论层面达到"生命共同体"的高度，而且突出生态问题的社会关系即政治制度之维，背后的理论与实践逻辑则凸显着世界眼光、人类情怀和整体思维。

3.3 社会主义生态文明观的框架确立

作为思想形态的社会主义生态文明观与哲学一样，同样反映了时代精神。生态文明建设和生态文明观在术语表述上分属不同位阶，尽管生态文明建设因指向现实实践活动从而隶属于生态文明观的哲学伦理范畴，但现实话语表达中更为通行的话语体系是作为经验或者被理解为事实的"生态文明建设"。两个概念之间具有的互动性关联旨在提示我们要关注思想对于实践行为的改变，即除了要从哲学观念体系层面上理解社会主义生态文明观，更要紧的是理解这一观念能够在多大程度上支撑起现实转变的可能性。回看党的报告中的表述可发现包括上述双重维度：党的十七大报告的提法是"生态文明观念在全社会牢固树立"，党的十八大报告的表述是"努力走向社会主义生态文明新时代"，《中国共产党章程》明确规定"中国共产党领导人民建设社会主义生态文明"，党的十九大报告的相关表述为"生态文明建设功在当代、利在千秋。我们要牢固树立社会主义生态文明观，推动形成人与自然和谐发展现代化建设新格局，为保护生态环境作出我们这代人的努力！"[1]因而在理解社会主义生态文明观时，要特别注意理论和实践之间的相互激荡和促进，并把握两者同向前进的共同逻辑，即价值立场，这样才能看出这一理论体系是如何不断细化和丰富自身的。围绕着价值立场，社会主义生态文明观大致可从时间维度、空间维度、价值维度以及国际视野四个层面予以理解。

3.3.1 时间维度：以生态自然观为前提

理解生态自然观，即理解人类社会为何需要以及在多大程度上离不开作为物质基础的自然之存在。人及其所组成的社会无论是物质生产层面还是精神需要方面都不能脱离自然而独立发展，人进行生产实践活动的关键在于如何处理与自然界之间的关系。自然界不仅构成社会成员的生存环境，而且为其提供生产和生活资料，因而只有人与自然之间的关系达成和谐统一才能更好维系共同体的存续，这种和谐统一的应然状态是指人与赖以生存的自然环境、生产环境和生活环境之间形成相互促进的关系。自然先在性是不同国家、民族以及地区的人生存和发展应当遵循的基本前提。

首先，应当正确理解这一前提：一方面，古希腊哲学尤其是柏拉图主义开启的哲学传统是追问世界本原为何，而具有物质实体的"自然"（水、火、土等）即对这一问题的回答。自然作为高

---

[1] 习近平：《决胜全面建成小康社会　夺取新时代中国特色社会主义伟大胜利——在中国共产党第十九次全国代表大会上的报告》，人民出版社 2017 年版，第 52 页。

高在上的"存在者"或"逻格斯"，规定着世界万物秩序之存在，因而从根本上与"人工物"相异，存在于感性世界的人希望通过超感性世界来提升自身的意义。另一方面，这种尊崇并不等同于"机械决定论"。尊重自然规律的客观存在不仅不能推纳出"地理环境决定论"，而且存在将动物界"适者生存"规律照搬到人类社会而得出"社会达尔文主义"的错误倾向。**其次**，马克思的历史唯物主义区别于以往的自然主义历史观，后者是将自然规律粗暴地移植到人类社会生活中。实际上，马克思承认自然的客观性恰恰在于自然在社会历史领域中具有某种程度上的"非客观性"，因为人类社会发展的合目的性和合规律性决定了自然界中的自然不同于社会中的自然。而第二国际正是在对社会中的自然的理解上偏离了马克思的本意，忘记了马克思对于自然先在性的强调是将自然作为人以及社会的生产和生活资料来看待。忽视这一点将导致"自然的报复"，进而威胁个体生命的存在。**最后**，生态文明观在中国的确立始终秉持马克思分析自然本体论的方法论原则，这一统领性原则规定着中国生态文明理论和实践的根本方向。事实上，不仅马克思自然观在本体论上确立了自然的先在地位，而且延续千年的传统文化中的"天人合一"精神在中国人心中已深深扎根，"天地人物，皆同元始，共一宗祖；六合之内，宇宙之表，连数一体"表述着人与自然的共生，对于自然的尊崇暗含着对生命本身的敬畏。新中国成立之初，中国尚未完全走出传统社会中生产力低下的局面，自然作为恶的力量更多体现为对人生存的威胁。但我们从未选择屈服自然，而是强调在尊重自然规律的基础上来发挥人的能动性，这背后是发挥政治作用以全面改造社会的愿望。从改革开放初期到党的十八大召开，发展生产力的目标使自然具有了"现代面向"。中国特色社会主义进入新的历史方位进一步将生态自然观上升为对自然价值本身的尊重。

　　反观资本主义现代化早期进程中对自然的滥用导致了"自然的报复"，首要表征为生态危机。就生产方式本身来说，"资本逻辑"的展开过程不仅需要剩余价值的投入，更需要自然界为其提供物质载体以实现价值增值，并依靠科技掠夺自然进而呈现出"恶的无限性"。与此同时，带来的后果还有劳动者与作为生态条件的物质自然的持续对立和背离。随着生产规模的扩大，城市作为空间载体成为大批人口的流入地，生产和生活的集中使得污染超出生态系统的承载能力。严峻的现实倒逼资本主义国家重新思考自然之本体地位，即自然为何从"存在"沦为"存在者"，现如今如何使其再度被把握为"存在"。相反，于中国而言，生态文明观对于自然先在地位的重新定义形成了把握时代的生态哲学。自然的重要性不仅仅体现在满足人民生活生产需要的维度，而且更加关注人们的发展维度。社会主义生态文明观在关爱生命的意义上呵护自然、拯救生命的意义上治理自然、提升生命内涵的意义上尊重自然。

3.3.2　空间维度：以生态社会观为关键

　　理解生态社会观，即理解人与自然的关系深层关联着人类的普遍利益。社会作为人类生活的组织形态，尽管具有时间维度上的多变性，但这里侧重于对空间维度上的相对稳定性进行探讨，这种稳定性以一种超越地域、宗教和民族国家等界限的共同利益纽带的形式而存在。马克思自然观对于"现实的人"的观照应联系"利益"这一基本的唯物史观范畴，事实上早期苏格兰启蒙运动中涌现的一批思想家在探讨诸如市场社会、商业社会的发展时已提及此问题：深层的个人需要只有转变为现实存在的利益，才能成为驱动社会进步的原在性动力。然而随着西方现代性的深入发展，自由竞争的市场制度和零和博弈的竞争原则显露出如下矛盾：资本积累以及人的贫困积累，生态危机激起了人们对马克思真正共同体的思考。真正共同体的"历史出场"在于矫正由资本逻辑扭曲的特殊利益"假冒"普遍利益这一错位的价值逻辑，进而以特殊利益和普遍利益之间的和谐正向张力作为动力机制。由于以往个人本位和群体本位价值观将自然作为满足自身利益的工具性存在，市民社会不仅没能成为安放人与人之间自由共在关系的现实机制，反而促成人与人之间的矛盾冲突，只有互利共生的"普遍利益"才能指引人类走出现代性发育的悖论。事实上，人与自然的关系状况既体现了社会整体可持续发展状况，同时也事关个体基本的生命权，能够成为"特殊利益"和"普遍利益"的交汇点。在工业社会发展的巅峰时期，人与人之间因极端化的利益竞争而逐渐突破生态阈值，从而使自然无法为人的可持续发展提供支撑。马克思从社会关系压迫自然的现实出发，以系统的理论建构阐述了这一现象产生、发展和消亡的运动轨迹。换言之，以建构人与人之间的普遍利益、重构共同价值观为途径解决人与自然的关系的矛盾就是马克思历史唯物主义自然观的具体内容的展开，其中共同价值观是体现"人—社会—自然"有机统一的哲学世界观，这属于比"普遍利益"更高一层的价值位阶。

只有借助于马克思的"实践"概念才能把握生态社会观。实践中自然与社会的"同型互构"使得对于生态环境问题的分析显得不那么"纯粹"，这种纯粹的意思在于环境问题究竟是不是一个自然问题。费尔巴哈相对于唯心主义者的进步性在于将自然从"观念"翻转为"感性—对象性"直观的结果，但抛弃能动性原则也使其哲学表现出"惊人的贫乏"。马克思接纳并改造了黑格尔的"辩证法"，从而正确理解了"观念的东西"和"物质的东西"之间的关联，这意味着"自然观"必须与人们的现实实践活动发生关系。尤其是现实实践的社会历史性决定了人与自然的关系的样态，即"只有在这些社会联系和社会关系的范围内，才会有它们对自然界的影响"。[1]正是在这个意义上，由资本主义制度加以确立的人与人之间的利益分化成为西方世界生态问题的根因，人与自然以及人与人的和解只能在共产主义社会中实现。**另外**，1956 年社会主义制度的确立提供了处理人与自然的关系的政治前提。自近代中国被迫进入早期世界历史体系而不得不展开一场现实的运动时，"大一统"的民族生存样态和政治结构，以及资本主义制度的缺陷，共同规定了中国发展社会主义的必然性。不同于资本逻辑与自然之间的绝对对立，社会主义制度在人文向度上破解了发展与绿色的二元对立，破解了自然与人的二元对立。社会主义关系在中国的发展完善既是祛除资本"异化"自然的过程，同时又是充分发挥资本力量重塑"人化自然"的过程。就一个过程来说，资本无论以多么隐蔽的形式表现为符号或者物的方式，都不能掩盖其背后所具有的社会关系性质。即作为历史性的存在，资本不过是特定生产力水平下社会关系的物质化表达。以此推论，社会主义关系就是以一种历史性眼光动态把握资本对于自然的"异化"，即资本逻辑运动与自然资源之间尽管存在不可调和的张力，但这种张力有可能在一定发展阶段将资本主义引向"爆破点"。就中国仍处于社会主义初级阶段的事实来看，仍然需要借助资本和市场经济力量来推动社会全面发展，甚至发展"绿色生产力"、将环境污染成本内部化、生态环境治理等等都

---

[1]《马克思恩格斯文集》第 1 卷，人民出版社 2009 年版，第 724 页。

离不开市场机制中资本的力量。因此问题的关键在于，要以一系列制度来规范资本的运作。

对于生态社会观的忽视是西方生态哲学的缺陷，众多学者将科技、价值观等视为生态环境问题的诱因，却忽视了这些因素背后的"恶"的社会关系，仅从"抽象的人"或"抽象的自然"出发来解决问题。大体包括如下几种：一种是以环境保护为中心的深绿思潮。该理论认为自然具有自身的内在价值，人类活动是生态危机形成的根本原因，只有对启蒙以来人类所形成的观念进行再启蒙，才能够在现实中消除生态问题，并重塑自然伦理观念。另一种是以人类利益为中心的浅绿思潮。该理论认为保护环境的目的在于维系人类的长远利益，可以通过改进技术、提高生产效率减少对环境的污染，但自然并不具有自身的内在价值。反观社会主义生态文明观，正是在认识到"资本"的本质是社会关系的基础上，从制度上构筑了防范资本掠夺自然的屏障。

3.3.3　价值维度：以生态政治观为保障

生态政治观，即执政党从治国理政高度将生态问题作为个人自由而全面的发展的问题来对待。人与自然的关系无论是在物质层面作为社会存在的基石，还是在利益或者价值层面作为联系人与人之间的纽带，最终目标是以人与自然和谐共生的规范性力量反哺社会，从而向内指向个体自由自觉生命活动的实现。马克思的共产主义思想为变革现有生态问题的现实运动和生态政治观提供了思想资源。现存世界革命化的趋势首先意味着旧的自然观只有回到孕育它的现实，即物质生产关系或者社会经济基础之中才能得到揭示和变革。"意识的一切形式和产物不是可以通过精神的批判来消灭的，不是可以通过把它们消融在'自我

意识'中或化为'怪影'、'幽灵'、'怪想'等等来消灭的, 而只有
通过实际地推翻这一切唯心主义谬论所由产生的现实的社会关
系, 才能把它们消灭。"[1]只有回到物质实践领域才能揭露旧唯
物主义直观自然和唯心主义能动自然的缺陷, 才能理解何为存在
于资本主义历史性中的自然: 资本作为特殊的社会关系享有对于
自然的支配权。当人们所处时代的生产和生活领域被资本所规
定时, 当处于"货币—资本"抽象共同体中, 不能只认识到人与
物、人与人的"抽象"存在关系, 相反, 要认识到具体的和感性的
社会存在关系, 这种社会关系带有资本主义时期人类实践活动的
烙印。

　　生态政治化的价值立场在于围绕"以人民为中心"来思考人与
自然以及人与人的关系。如果说生态社会观是从社会制度层面使
得人与自然和谐相处具有可能性, 那么中国共产党的有力领导则
将这一可能性转化为现实, 其中转化的关键在于将社会主义现代化
历史性实践中的生态环境问题上升为治国理政层面的议题。无产
阶级立场以及全人类解放是马克思批判资本主义制度下生态危机
的价值立场, 尽管他所处的时代资本与工人的矛盾是首要矛盾, 生
态矛盾仅仅是在关联于工人生存状况的情境下逐渐凸显的, 但这个
次要矛盾恰恰是"单向度"工人最后活下去的底线。当资本主义进
入新自由主义阶段, 在新社会运动压力之下不得不进行改善生态环
境的努力, 但这些努力始终隶属于该社会形态内部的局部性变革,
例如改进技术、改进政府统治或社会治理方式、改变大众消费模式
等, 这本质上是为了维系资本的统治地位, 并未改变人以及自然仍

---

[1]《马克思恩格斯文集》第 1 卷, 人民出版社 2009 年版, 第 544 页。

然充当资本工具的地位。与此相反，在马克思主义中国化时代化进程中，中国共产党始终致力于将发展的目的归还给人本身，或者说使生态环境从维系人的生存需要上升为满足人的发展需要。

生态政治化的历史进程大致对应于新中国成立后三次社会主要矛盾变化轨迹：经过社会主义改造，社会主义基本制度得到确立。社会主义制度的确立，是我国历史上最深刻最伟大的社会变革，是我国今后一切进步和发展的基础。1956 年中共八大将社会主要矛盾概括为"人民对于建立先进的工业国的要求同落后的农业国之间的矛盾，已经是人民对于经济文化迅速发展的需要同当前经济文化不能满足人民需要的状况之间的矛盾了"，因而党的第一代中央领导集体将人民大众"组织起来"并发挥积极性来改变落后局面。以治理水患、兴修水利工程为代表的一系列运动反映了党领导人民改善物质生活水平的愿望。改革开放以来，"人民日益增长的物质文化需要同落后的生产之间的矛盾"变化使得党将工作重心转移到经济建设上来，自然在市场交换机制中的"商品化"在推动生产力发展的同时，也提高了日后生态破坏的风险。自改革开放到党的十八大之前，国内一系列服务于经济可持续发展的生态环境保护措施的出台与完善。党的十八大以来，进一步实现生态文明。党的十九大提出社会主要矛盾转化为"人民日益增长的美好生活需要同发展不平衡不充分的矛盾"，不仅宣示我国综合国力的提升，而且从生态维度对经济发展提出深层次转型要求。其中折射出的生产力发展不应当到"对永恒的真理和正义的日益增进的认识中去寻找"，应当到人民的真实需要和利益中去寻找，这也是解码"新质生产力就是绿色生产力"的关键。新中国成立后的 70 余年间，特定发展阶段的中心任务有所不同，但这些任务始终围绕人民根本利益展开，并旨在带领全国人民共同奔赴美好生活。由此可以看出，对生态环境重要性的认知作为共产党深刻把握自身执政规律的结果，被纳入治国理政格局具有历史必然性。

3.3.4　以生态全球观彰显国际视野

理解生态全球观，需要将客观存在的环境问题上升到全人类的高度来理解，以形成全球的生态共识。当前世界范围内政治、经济、文化以及生态问题频发，宣告资本主义国家主导地位面临"终结"的境地，预示着人类将紧紧连结成为"命运共同体"。随着各国在全球化进程中关系的日趋紧密，生态风险不再是一国一隅之事，而上升为关切全球人类生存和发展的重大议题。不同于古代环境问题，生态环境风险在空间维度上突破了地理限制，源于一地的生态事件可能会在全球其他地方造成危害。这种空间上的扩张还发生于地球内部，从一地一国一球向外太空加速蔓延。微观领域上则从水、空气、土壤等具体领域向其他领域加速渗透。时间维度上，未来的生态事件则可能是以往发生过的情况之再次出现。相同的还有，某种疾病在全球范围内的大暴发。任何生态环境风险扩散都有可能成为威胁人类的大敌。面对此种情形，一种应对方案是西方大国在生态问题面前采取自身利益最大化的解决思路，例如在应对气候变化时，美国不仅先后退出《京都协定书》和《巴黎协定》等，并且美国政府奉行的单边主义企图干涉多边机制，以此来阻止气候议题共识的达成。另一种应对方案则是以习近平同志为核心的党中央坚持以高度战略定力推进生态治理和生态文明建设。中国始终积极维护人类共同利益、参与全人类共同的国际事务。"建设美丽家园是人类的共同梦想。面对生态环境挑战，人类是一荣俱荣、一损俱损的命运共同体，没有哪个国家能独善其身"[1]的重要论述彰显中国生态文明事业的国际视野。在当前"两个大局"的背景下，中国的生态文明建设实践已然成为一股强大的力量。

关注全球范围内的生态问题不仅要着眼于人与自然之间的矛盾，更要紧的是生态困境叠加生命危机已成为时代课题。事实上自20世纪下半叶以来，面对以科技为代表的工具理性对社会结构实行的"全域殖民"，在西方，个体生命已遭遇生态危机：经济领域内生产力发展带来的生产过剩和消费过剩加剧资源浪费，生活质量的提高则以牺牲生态环境为代价。传统工业社会中"财富分配"逻辑逐步被"风险分配"逻辑所取代，所有阶级都面临着生态危机这一严峻形势，发展也面临着"不可持续"的可能。因此，传统社会中机械论的思维方式需要被有机整体系统的思维方式取代，即以整体看待生态和生命问题，最大限度地在生态价值和生命价值同构关系中实现双向价值互惠。即以生态和谐促生命发展，以生命发展助力生态和谐，从而建构生态—生命一体化的共同体来保障个体生命价值的实现。正如《绿色政治——全球的希望》指出的，"我们是自然界的一部分，而不是在自然界之上；我们赖以进行交流的一切群众性机构以及生命本身，都取决于我们和生物圈之间的明智的、毕恭毕敬的相互作用。忽视这个原则的任何政府或经济制度，最终都会导致人类的自杀"。[2]

理解生态问题应当将共同利益上升为人与人之间的"共同价值"。若缺乏形而上的价值之道，"利益共同体"难以行稳致远；若缺乏形而下的利益之器，"价值共同体"就沦为启蒙空想，因

---

[1] 习近平：《习近平谈治国理政》第3卷，外文出版社2020年版，第375页。

[2] [美]弗·卡普拉、查·斯普雷纳克：《绿色政治——全球的希望》，石音译，东方出版社1988年版，第57页。

而尚需完成从"利益共同体"上升为"价值共同体"的转变。具体论之，个体在实践中形成的"生态文明观"又反向推动人与自然的实践关系变革。理念的变革是行动的先导，然而变革的困难性在于传统思维方式的根深蒂固，即自我意识主导的"中心—边缘"范式。前资本主义社会中"我"的概念多指"类范畴"，人对自然的敬畏和依赖是自我意识尚未生成的结果；进入现代社会以来，自我意识的产生是现代市场经济活动发展的结果，19世纪黑格尔哲学即为自我意识膨胀的理论形态，他人以及自然在此语境中成为"他者"，某种意义上，社会组织就是扩大了的"中心—边缘结构"，这种结构中的冲突和对立的后果最终将转移到自然界。在某种意义上可以说，当今时代遭遇的人与自然的关系问题以及社会问题都是由这种自我中心主义造成的，在全球化来临和后工业社会到来之时，"纯粹的自我中心已经去势，他人的在场已成为一个不争事实"[1]，围绕着人的共生共在观念建构起来的合作共同体通过人的行为将观念转化为现实。

　　生态全球观所具有的国际视野证明了如下事实：社会主义生态文明观开启了一种超越资本主义现代性的新文明类型。然而这种新文明类型的开启以占有现代文明成果为自身前提，从而扬弃现代西方文明。世界交往关系已发展至如下阶段：当世界遭遇生态危机这样一种与"资本文明"相伴而生的现代性后果之时，人类社会能否持存取决于人们多大程度上能够联合应对生态环境问题。人类已经到了不得不去重新定义"共同利益"概念并呼吁整体主义精神出场的时刻了，因此人类命运共同体生态之维得

----

　　[1]　张康之、张乾友：《从自我到他人：政治哲学主题的转变》，《马克思主义与现实》2011年第3期。

以彰显。社会主义生态文明观的倡导则能从根本上解决人与自然、人与人以及人与社会之间的异化冲突，并开启了引领世界文明发展的新可能。

综上，生态自然观、生态社会观、生态政治观以及生态全球观构筑了既满足人类社会永续发展对于生态的普遍要求，又考虑到中国特色社会主义现代化建设实践这一特殊国情的社会主义生态文明观，从而为世界生态问题治理提供中国方案。

第4章 社会主义生态文明观的
时代视域

党的十八大以来，中国特色社会主义在社会历史实践进程中出现新的变化，"新时代"这一概念是在党的十九大报告中提出的。新的历史方位不仅标识着我国经济社会发展在上一阶段历史性成就的取得、历史性变革的出现和历史性影响的产生，而且进一步凸显了党的理论结晶在中国未来发展进程中产生的实践效应。本章探讨"社会主义生态文明观的时代视域"命题，其中的"时代视域"概念即"新时代"。换言之，站在新时代现实方位观照以绿色转型为目标的社会主义生态文明观需要把握如下线索：从理论外部演进轨迹来看，社会主义生态文明观从孕育初期的自在性上升为新时代的自觉性，这种自觉性表现为善于归纳总结历史的经验；从理论内在发展逻辑来看，社会主义生态文明观将生态从生存问题提升为生命问题，这种提升可从新时代"五位一体"环环相扣的概念体系中窥见；从理论实现的"自我主张"来看，社会主义生态文明观作为真正的哲学旨在服务社会和改变社会，其蕴含的时代精神和行动目的集中体现为习近平生态文明思想具有的实践品格。

4.1 从自在到自觉：社会主义生态文明观的历史性规定

理解任何理论都需要置于特定历史时空范围内，在回顾过往历史事实材料的基础上提炼并概括出理论演进所需的前提条件，以便洞悉未来该理论及其指导下的社会实践前进趋势，而洞悉在多大程度上具有正确性离不开作为历史性规定的上述条件。善于运用历史与逻辑的方法不仅能够辨明理论随着不同历史语境产生的变化和差异，更要紧的是能够在理性思维指导下从"经验表象"中抽取出共性的规律性认知，进而推动理论创新与实践探索。但就社会主义生态文明观"历史性"规定本身而言，不能忽视任何时代相比其他时代而言具有的相对性和变化性，这种重视有助于理解理论成长的过程性。换言之，其发展初期尽管并非后来意义上的自觉状态，但后来的自觉必定要经历理论初期的自在性，如果缺少自在性，理论的自觉性就是空的；而如果没有自觉性，理论的自在性就是盲的。正因如此，政治前提的确立、物质基础的奠定以及观念变革的指引为自在到自觉状态的转变确立了基本的理论框架，并将社会主义生态文明观与其他各种的生态文明观区别开来，这种区别使得认清并把握中国社会现实显得尤为重要。

4.1.1 政治逻辑：中国共产党领导及社会主义制度的确立

中国共产党是领导社会主义国家建设的主体力量，也是社会主义生态文明观依循的政治前提，我们在这里将其称为"政治逻辑"。事实上，这里隐而不彰的一个对比为西方进行现代国家建设的政治逻辑为何。对比的必要性在于能够让人们从经验层面深入到本质层面来理解社会主义生态文明观的"中国特色"。这里简要就这种对比作出简要说明,即中国共产党诞生的逻辑起点的特殊性构成了中国和西方在现代国家建设上政治逻辑的不同。就西方资本主义现代国家建立过程而言,在历经传统部落社会完全解体之后形成了阶级社会,国家作为调节社会中的矛盾利益冲突的力量出现于其后。中国的现代国家建设并不遵循这样现代化发展的一般轨迹。首先古代中国的社会是未完全解体的部落社会,国家作为农村公社的产物而出现,本质上隶属于家庭氏族而非阶级社会。另外,鸦片战争的冲击直接促成了中国传统政治体系的失败,因而社会发展需要强有力的支撑性主体来完成建构新的政治体系这一工作,这是中国现代国家建设的双重背景。其中,应当注意的是,这种新旧政治体系转换工作之所以可能,是建立在中华民族这个母体基础之上的,而这个民族作为大一统历史文化传统沉淀的实体组织其形态却是自古存续的。既然支撑性的主体力量无法内生于中国社会结构之中,那么"唯一的路径就是通过人为的努力去组织和创造这样的力量",[1]为此中国共产党带领人民承担起现代国家建设任务,并随后展开建设实践。这里想要论述的是中国共产党领导下的现代化国家建设以及为满足经济和社会发展所需物质基础而作出的努力。此种政治前提是不容置疑的,否则极有可能将西方现代化国家发展标准应用于中国实践进程,进而造成一般理论和中国实际水土不服的局面。在此前提下,再去理解生态文明实践或者理论究竟肇始于何时的问题。事实上,关于这种时间起始的争论始终停留于经验事

---

[1]　林尚立:《当代中国政治:基础与发展》,中国大百科全书出版社2017年版,第107页。

实的表象中，是一种仅凭生态污染的严重性来判断究竟新中国成立初期是否存在社会主义生态文明观的做法。只要将其上升到理性认知层面就能理解，存在与否不过是对新中国成立初期社会发展中心任务的理解不同。换言之，囿于历史条件，新中国成立初期的历史任务显然以重工业建设为主，我们需要明白其历史进步意义，即中国共产党领导中国各项事业的发展构成中国式现代化发展的基本政治逻辑。

现代国家建设是经济基础在上层建筑中的反映，本质上源于社会主义现代化建设实践的要求。一方面，社会主义生态文明观最本质的特征在于具有中国共产党这一坚强的领导核心，概念的形成也根植于自上而下推动的有组织的生态文明建设实践。另一方面，社会主义是确保广大人民利益得以实现的制度保障，目标指向上也为具体生态文明建设实践或具体生态文明政策议题等提供先导性。就此而言，党的领导及社会主义制度构成社会主义生态文明观的政治维度。

无产阶级是进行社会变革从而确立共产主义制度的支撑性主体力量，这同样是马克思解决生态问题所依靠的"物质力量"。交往活动扩大开启的世界历史和资产阶级追逐利益造成的生态不正义，使世界范围内无产阶级的联合从潜在成为现实。尽管生态问题对马克思关注经济危机而言具有附属性，但在生存论视域下足以成为马克思对无产阶级生活环境展开资本主义批判的缘由，问题的解决必须依靠自觉的、代表人民群众普遍利益的先进性政党，因为"共产党人始终代表整个运动的利益"。[1]就"无产阶级"作为马克思自然观生态意蕴主体维度所展开的中国实践而

---

[1]《马克思恩格斯文集》第2卷，人民出版社2009年版，第44页。

言,中国共产党的政治属性恰恰在于从成立之初就秉持的人民立场,这不仅使党得以阐释自身合法性,而且获得制定各类具体生态文明政策和动员举国上下投身生态文明实践的力量。

同时,党的主张上升为国家意志,进而成为全体人民的行动纲领还要依托制度保障。"中国特色社会主义最本质的特征是中国共产党领导,中国特色社会主义制度的最大优势是中国共产党领导。"[1]社会作为人与人结成相互关系的组织形式,制度作为调整人与人之间行为的规范,其具有的"属人性"应当指向人的自由而全面的发展。资本主义制度由于保护个人的私有产权,资本增殖目的或者"以物为本"的导向只能依靠掠夺自然来实现,后来类似"绿色经济""可持续发展"等概念的提出也不过是资本主义社会结构内部的自我调整。相反,中国式现代化进程和民族复兴的社会主义目标内在地规定着当代中国的发展决不会仅仅以经济为指标,还会通过重新考量自然与经济之间的平衡点来克服以往的现代化发展方式的弊端。社会主义生态文明制度作为中国的"路标",着眼于改革生产关系以适应生产力的发展,即"生态文明制度是指在全社会制定或形成的一切有利于支持、推动和保障生态文明建设的各种引导性、规范性和约束性规定和准则的总和,其表现形式有正式制度(原则、法律、规章、条例等)和非正式制度(伦理、道德、习俗、惯例等)"。[2]这里应对"制度化"与"制度"予以区分,前者更多关涉实践中资源配置和监

---

[1] 习近平:《决胜全面建成小康社会 夺取新时代中国特色社会主义伟大胜利——在中国共产党第十九次全国代表大会上的报告》,人民出版社 2017 年版,第 20 页。

[2] 夏光:《建立系统完整的生态文明制度体系——关于中国共产党十八届三中全会加强生态文明建设的思考》,《环境与可持续发展》2014 年第 2 期。

管体制等具体政策实施,而后者则从文明变革意义上强调生态文明作为"制度性结果",是涉及社会全方位整体性变革的结果。党的十八大报告中"五位一体"战略布局的形成,意味着应以生态文明理念来协调经济、政治、文化以及社会等领域。从方法论而言,只有确立作为范导性或者规范化指引的社会主义生态文明根本制度,才能以此衡量具体生态文明建设的政治举措与行政监管的根本属性。纵向来看,社会主义生态文明制度架构从上至下分别是宏观层面以社会主义生态文明社会为代表的根本制度,中观层面为生态文明水准测评制度和经济社会发展绿色评价等基本制度,微观层面则包括具体的水资源管理制度和节能减排制度等;横向来说,社会主义生态文明制度架构的触角伸展到各个领域,包括生态自然管理体系、经济体制、社会体制以及个体的生活制度等。综上,只有坚持中国共产党领导和社会主义制度保障的政治逻辑,社会主义生态文明观从自为状态达至理论自觉状态才具备现实性。

4.1.2 物质基础:科技推动及经济发展的生态可持续性

社会主义生态文明观作为一般的社会意识形式,其具有反映人类社会发展规律的科学性和以人民为中心的价值性。中国大地所展开的物质生产实践,即坚实的物质基础构成主体观念变化的前提条件。应当澄清的是,上述的条件只是必要而非充分条件。换言之,物质基础的丰裕并不必然带来主体观念的变化,但是主体若想实现包括观念在内的全面发展,满足物质需要则是基础性和首要的工作。尽管"物质基础"概念本身具有价值中立色彩,对应的是可以通过一定的数据指标来对一国经济社会发展水平进行测量,但本小节关于"物质基础"的论述并未停留于单一的事实判断层面，而是将"物质基础"深层关联于"人民群众日益变化的需要"。质言之，在考察中国这个社会主义国家物质基础增长的同时，也试图凸显人民群众变化了的需要对于未来经济发展模式的驱动作用。一是新时代以前经济方面取得的历史性成就促成社会主义生态文明观的成熟完善。"党的十八大以来……经济发展也取得了历史性成就、发生了历史性变革，并为其他领域改革发展提供了重要物质条件。"[1]归根结底，任何意识不过是意识到了的现实生活本身，即扩大了的工业化及与立于其上的市场化、货币史以及交往史之间的互动实践。无论就经济发展本身还是社会可持续程度而言，生态环境要素均成为衡量文明转型实践的根据，这也有助于理解上一节中将我国生态实践及社会主义生态文明观作为政治意识形态的"绿色化"的体现。二是新发展阶段的历史方位对于社会主义生态文明观的内在要求。新发展阶段的新特点对于社会发展提出新要求，"新发展阶段明确了我国发展的历史方位……把握新发展阶段，深入贯彻新发展理念，加快构建新发展格局，推动'十四五'时期高质量发展，确保全面建设社会主义现代化国家开好局、起好步"。[2]作为新时代的发展阶段，一方面是过去经济增长所取得巨大成果使然，另一方面则对经济社会下一阶段的发展提出新的要求，即在转化经济增长动力的基础上实现高质量发展。因而历史地看，社会主义生态文明观的发展既是上一段经济社会发展的写照，同时又指明了下一阶段经济社会发展的航向。

---

　　[1]　习近平:《习近平谈治国理政》第 3 卷，外文出版社 2020 年版，第 231 页。
　　[2]　《深入学习坚决贯彻党的十九届五中全会精神　确保全面建设社会主义现代化国家开好局》，《光明日报》2021 年 1 月 12 日，https://epaper.gmw.cn/gmrb/html/2021-01/12/nw.D110000gmrb_20210112_1-01.htm。

社会主义制度条件下科学技术的历史性进步不仅破解了"杰文斯悖论"，而且为物质基础的打牢提供了技术支持。就资本主义国家现代化的起步阶段而言，作为把握客观规律的科学技术的出现使得自然界的"自然力"得以转化为"生产力"：例如，水的重力必须经由水车或者发电机才能发电，物体内部固有的电磁力通过一系列机器才能应用到生产领域。不过总体而言，粗放型经济发展模式造成了资源浪费，因而一批"科技乐观主义"的信奉者鼓吹技术革命和环境政策在提高资源利用率上的作用。事实上，技术革命固然能起到降低生产能耗和提高生产效率的作用，但只要技术投入仍然服从于资本积累目的，那么自然效率的提高并不必然伴随着生产和消费的减少，正如"杰文斯悖论"揭示的："认为经济地使用燃料等同于消费减少，这完全是思维混乱。事实恰恰相反。"[1]换言之，经济发展和生态资源之间的张力实际上在资本主义制度框架内部属于结构性矛盾，并且这种张力往往偏向于经济增长。即使后来资本主义国家迫于内外压力在经济活动中引入生态因素的考量，也不过是内部的、非本质的调整性策略。就我国现代化进程而言，早期社会主义制度的确立并未规避生态问题的事实，也并不能证伪"两个和解"在共产主义社会中的实现。这一现实问题恰恰凸显了科技投入、加快制造创新进而实现产业结构升级的重要性。同时，当下中国经济社会面临的外部环境和内在要求极为需要科技创新的力量。习近平总书记在企业家座谈会上强调，"要提升产业链供应链现代化水平，大力推动科技创新，加快关键核心技术攻关，打造未来发展新优

---

[1]［美］约·贝·福斯特：《生态革命——与地球和平相处》，刘仁胜、李晶等译，人民出版社 2015 年版，第 105 页。

势";[1]2020 年 9 月的科学家座谈会上的讲话又重申,"当今世界正经历百年未有之大变局,我国发展面临的国内外环境发生深刻复杂变化,我国'十四五'时期以及更长时期的发展对加快科技创新提出了更为迫切的要求",[2]这些重要论述凸显了科技创新要素作为牵引经济社会发展的持久动力的重要性。再次强调的是,本节谈论科技所隐含的逻辑前提是社会主义条件下的科学技术,尽管科技本身是"无主"的,但其作为人类物化劳动结果所具有的社会关系属性决定了对生态环境所施加的影响是正向还是负向的。

　　一国社会发展的可持续性当然包括现行经济活动条件下生态环境的承载能力。一方面,科技推动的产业升级为社会主义生态文明观奠定良好基础,另一方面,当前我国以发展新质生产力实现高质量发展、构建新发展格局对产业结构转型提出新的要求。**就前者而言**,社会关系层面社会主义制度的已然确立并不能否认生产力仍处于初级阶段的事实,因而我们在创造巨大物质财富的同时,也在一定范围内和一定程度上出现了资源紧缺和环境污染等问题。进入新时代以来,经济发展的可持续性、人民日益增长的生态环境需要和现代化发展规律对于产业结构调整均提出生态环境层面的要求。"十四五"时期经济发展步入新常态阶段,科学技术创新推动实践基础中高能耗、低成本资源要素投入由全要素投入替代;此外,在"社会主义生态文明观"正确和先进的政治立场引领下,供给侧改革作为转变经济结构的调节器从

[1]《在企业家座谈会上的讲话》,《光明日报》2020 年 7 月 22 日, https://epaper.gmw.cn/gmrb/html/2020-07/22/nw.D110000gmrb_20200722_1-02.htm。
[2]《在科学家座谈会上的讲话》,《光明日报》2020 年 9 月 12 日, https://epaper.gmw.cn/gmrb/html/2020-09/12/nw.D110000gmrb_20200912_1-02.htm。

根本上避免了资本的无序扩张，以及扩张过程中可能造成的资源枯竭和作为扩张结果的产能浪费。**就后者而言**，中国处于加快构建新发展格局的战略机遇期，需要"加快构建以国内大循环为主体、国内国际双循环相互促进的新发展格局"。[1]一方面，从传统"两头在外"的外向型发展战略转向进口替代的内向型发展，这有助于国内产业结构升级。尽管原来的发展模式有助于获取国际贸易利益和技术外溢效应，但核心技术受制于人的情况会使中国在产业链分工中长期处于"价值洼地"，不仅易受发达资本主义国家进行的"实物污染转移"影响，还会损害中国生态环境对于生产、生活实践的承载力。另一方面，我国产业结构中占主导地位的服务业将会占更大比重。服务业处于产品价值链的上游，由服务产品创造的附加值远高于制造业，传统制造业的服务化趋势以及服务贸易结构本身的高端化发展有助于实现经济增长与资源环境负荷的分离，从而使得经济优势和生态优势相叠加。所以，"经济增长方式转变的过程，是发展观念不断进步的过程，也是人与自然关系不断调整、趋向和谐的过程"。[2]

事实上，资本主义国家也不断进行科技或者经济生态化的自我调适，但并未根除生态环境问题，这是因为"自然资本""生态现代化"或者"绿色经济"等术语本质上隶属于资本主义政治意识形态。同时，科技发展的重要性在于其作为自然物质过程的"生产力"发展的重要组成部分，无论哪个国家都不可能实现跨

[1]《中共中央关于制定国民经济和社会发展第十四个五年规划和二〇三五年远景目标的建议》，人民出版社2020年版，第6页。

[2] 这里借用"绿水青山就是金山银山"理论的提出过程来说明生产实践和思想观念间如何互动从而促进发展，参见习近平：《之江新语》，浙江人民出版社2007年版，第186页。

越；同时，中国在借鉴西方国家应对生态环境难题、看似具有普遍性的工具政策和应对手段时，需要注意其背后的"政治制度环境或竞争性条件的过程"。[1]

4.1.3　观念变革：制度约束及生态理性的自我规定

从现代汉语词组的结构类型来看，"社会主义生态文明观"这个词组有自身固定语义搭配和语法结构关系，是"社会主义生态文明"和"观"两个名词性成分构成的偏正词语，因而回答的是"什么样的、谁的、哪里的、什么时候"等之类的问题。依次论之，社会主义生态文明观可理解为中国现实场域中（哪里的）"社会主义生态文明"（什么样的）的观点。观念必须有自身的依附主体，因此需要进一步回答"谁的"观。这里大致给出本书中阐述的两类主体以及阐述的进路：

就主体类型而言，包括两类主体中国共产党（主体 1）及广大人民群众（主体 2）。下文围绕这两类主体依次作出说明：中国共产党作为"观"的主体是由中国国家建设任务要求赋予的，因为现代国家作为上层建筑本是经济基础发展到一定水平的结果，但中国的国家建构顺序则与此相反，即基于"意识形态的形式"而不是"生产形态的形式"[2]发生的。这种变革的可能性在于主体（主体 1）的自觉，能够动员和组织社会力量的中国共产党自觉担任"保全中国"的历史使命，由此也不难理解中国共产党为什么

---

［1］ Victor Wallis. Red-GREEN Revolution: The Politics and Technology of Ecosocialism. Political animal press, 2018.

［2］ 可将依据马克思理论演绎出的国家转型理论逻辑概括为"三种革命，两种形式"，其中两种形式即"生产形态的形式"和"意识形态的形式"。参见林尚立：《当代中国政治：基础与发展》，中国大百科全书出版社 2017 年版，第 60 页。

成为观念变革最有力和最重要的主体力量。这同时说明了将中国共产党的领导和社会主义制度保障作为政治前提、科技推动力量和经济生态化的可持续性发展作为物质保障的原因。另外，对作为主体 2 的广大人民群众进行阐释，需要以马克思唯物史观或者说历史唯物主义的基本方法予以分析，无产阶级作为主体始终是变革现存世界的先锋力量。但马克思并没有止步于作为"物质武器"的无产阶级，他认为人的解放应当如下，"哲学把无产阶级当做自己的物质武器，同样，无产阶级也把哲学当做自己的精神武器；思想的闪电一旦彻底击中这块素朴的人民园地，德国人就会解放成为人"。[1]要言之，全人类的解放会且仅会发生在具备革命意识的无产阶级进行变革之时。从无产阶级概念转化为进行社会主义建设事业的人民群众，反映了自马克思所处时代到中国及其嵌入的国际格局这段时间出现的新变化，只有广大人民群众及其思想的变革才能真正实现人的自由而全面的发展，因而社会主义生态文明观的落脚点显然为主体 2 即广大人民群众。

就两类主体的转换进路而言，主体 1 和主体 2 的区分不是为了在理论上或者实践中区分特殊性和普遍性，也并没有将两者原有统一关系割裂开来，这里仅仅是就不同主体作为观念承担者在时间发生逻辑上的先后做出划分的。毫无疑问，任何一种理论如果仅仅是理论，那就永远不能从中产生改变现实的物质力量，换言之，社会主义生态文明观即使被主体 2 自觉意识到，但其自觉持有的先进观念往往服务于自在的本能目的，因而在投身于自觉生态文明实践时的效果可能并不理想。用马克思的话表述即"批判的武器当然不能代替武器的批判，物质力量只能用物质力量来

---

[1]《马克思恩格斯文集》第 1 卷，人民出版社 2009 年版，第 17、18 页。

摧毁；但是理论一经掌握群众，也会变成物质力量"。[1]我们需要的"自觉"是真正扬弃掉自身历史局限性的观念和行动的双重自觉。事实上，任何一种理论形态从自在到自觉的变化根本上都是**由历史主体的实践活动**所推动的，而理论一经完善又能对实践产生巨大的推动效应，而在一系列效应中最为重要的同时也最为艰难的就是主体（主体 2）观念的变革。由于任何观念与经由实践中介的物质实在之间存在内在关联，人民群众作为投身于生态文明建设实践的主体，自然也是承担生态文明观的主体。中国发展的根本目的是增进民生福祉，这一目的被表述为"为人民谋幸福、为民族谋复兴，这既是我们党领导现代化建设的出发点和落脚点，也是新发展理念的'根'和'魂'"，[2]而人民的幸福显然也不仅仅是物质需要的满足，还有建立于生存需要满足基础之上的自由而全面的发展的需要，所以新中国成立初期以中国共产党作为观念主体的社会主义生态文明观必然要内化为广大人民群众的观念。但这种内化还需要从主体（主体 2）的自觉再度转化为自觉的主体（主体 2）：即主体的自觉体现为思想或者观念，但自觉的主体才能把思想或者观念付诸实践。只有从人类文明新形态意义上理解社会主义生态文明观才能把握住其本质，这一本质是主体生态意识的现代化及其外化的行为实践，但我们始终不能忘记吸收现代文明成果是文明革新的物质前提。总之两种主体之间的逻辑转换理路大致如下"自觉的主体 1—主体 2 的自觉—自觉的主体 2"。

---

[1]《马克思恩格斯文集》第 1 卷，人民出版社 2009 年版，第 11 页。

[2]《深入学习坚决贯彻党的十九届五中全会精神　确保全面建设社会主义现代化国家开好局》，《光明日报》2021 年 1 月 12 日，https://epaper.gmw.cn/gmrb/html/2021-01/12/nw.D110000gmrb_20210112_1-01.htm。

区分主体类型以及两种主体转换的进路是对社会主义生态文明观在应然层面上的把握,但实然层面上社会主义实践的初级阶段性质提出如下要求:即要发挥社会主义生态文明制度体系在生态意识规范效应上的外部强制性。**一方面**,就微观层面的市场主体或者个体而言,制度的强制性在于对产品生产过程或消费过程中有可能造成环境破坏的观念及行为的预先防范。以商品的"过度包装"现象为例,包装纸无论是在前期生产过程中或者消费后被丢弃,所耗费的能源和材料均造成了环境问题。尽管依靠行政监管及专项整治行动对过度包装问题的解决取得一定成效,但制定相关标准才能更好推动全社会形成节约资源的生产方式和生活方式。比如,2020 年 9 月 1 日开始施行的《中华人民共和国固体废物污染环境防治法》第六十八条明确规定,"产品和包装物的设计、制造,应当遵守国家有关清洁生产的规定。国务院标准化主管部门应当根据国家经济和技术条件、固体废物污染环境防治状况以及产品的技术要求,组织制定有关标准,防止过度包装造成环境污染"。[1]防治法通过对不同类型的垃圾处理进行规定,包括工业固体废物、生活垃圾、建筑垃圾等,旨在推进生态文明建设和经济社会的可持续发展。此外,《中华人民共和国民法典》所彰显的中国特色、实践特色以及时代特色同样要求其对"如何看待自然"的问题作出回答,事实上民法典总则编第一章中就确立如下原则——"民事主体从事民事活动,应当有利于节约资源、保护生态环境",这条绿色原则的精神渗透到民法典每一条法律条文中。总之,将对主体行为层面的要求上升为

---

[1]《中华人民共和国固体废物污染环境防治法》,http://www.mee.gov.cn/ywgz/fgbz/fl/202004/t20200430_777580.shtml。

法律制度,此种强制性规范方式在主体生态保护意识不足的情况下显得十分紧要和必要。要言之,法律制度规范的外在强制性有助于一种观念的迅速普及,尽管这种普及并非自觉观念指导下的实践养成。**另一方面**,就宏观层面的社会主义生态文明制度架构而言,任何具体性或者细微化的政策举措均应当遵循和符合更高位阶的社会主义生态文明观。制度和法治水平体现着一国生态治理成效的现代化水平,在社会主义生态文明建设中需要警惕具体性政策的非意识形态化,缘由在于:一些作为社会主义生态文明的基本制度如环境经济政策、生态环境行政监管手段等推进举措,极易受到国际环境政策话语的影响。于当今资本主义国家而言,从长远来看其追求经济利益最大化的目的要求必须考虑作为生产条件的生态环境因素,以及国内兴起新社会运动的背景逼迫当政者不得不从战略上进行以"绿色资本主义"为核心的话语宣传,然而欧美国家治理生态难题中所使用的、看似带有普遍性的政策和工具,背后是对资产阶级社会政治体系的维护。只有社会主义制度的政治取向和法律规范才能彰显先进观念的促进潜能,"只有实行最严格的制度、最严密的法治,才能为生态文明建设提供可靠保障"。[1]

如果说以制度为外部驱动力的社会主义生态文明观,仍具有服务于经济发展的工具论或发展论倾向,那么以主体生态意识为内在牵引力的社会主义生态文明观则称得上境界论。这里简要对发展论和境界论作出区分:尽管两者都可用以表述人和自然的关系,但前者更加侧重于以可测量的标准或者数据来评判自然,

---

[1]　中共中央文献研究室:《习近平关于生态文明建设论述摘编》,中央文献出版社2017年版,第99页。

类似于西方认识论框架下将自然作为服务于人的工具性对象；而后者用来分析人与自然的关系的哲学框架类似于中国文化的"天人合一"，或西方人文主义思潮的"存在论"，尽管这里在概念上使用前主体性哲学的概念，但强调的是超越主客二分之后达到的"境界论"。这里适合引入张世英先生描述的中国哲学具有的"澄明之境"，他说道："王阳明说的'发窍处'就是澄明之境，这就告诉我们，要进入澄明之境，就要有这种万物一体—万有相通的体会。"[1] 这里的"发窍处"就是人民群众内化于心的中国特色社会主义生态文明观。正如习近平总书记所强调的，"法律是准绳，任何时候都必须遵循；道德是基石，任何时候都不可忽视"。[2] 这个论断同样适用于社会主义生态文明观。目的并非仅是通过畏惧惩戒的办法来消除人们破坏生态的念头，而是追求能够直接转换为践行人与自然和谐共生的行为实践，因为制度规训只能作为"社会主义生态文明观"的"最低纲领"，依靠个体进行观念变革所实现的"人道主义与自然主义的统一"才能成为"最高纲领"。这种统一需要如下转变：

第一，从人与自然的相互对立走向和谐统一。西方传统社会中，"自然法"作为规定性的存在主导着万物；自笛卡尔"我思"哲学确立以后，"自然法"逐步过渡为"理性"进而成为新的"主宰力量"，另外，培根新自然科学论为个人向自然界伸张权力提供了现实条件。其中的要义在于确立"我"（理性）作为中心的地位，自然作为"客体"就成为满足我需要的"工具"。在人类社会

---

[1] 张世英：《进入澄明之境——哲学的新方向》，商务印书馆 1999 年版，第133 页。

[2] 习近平：《习近平谈治国理政》第 2 卷，外文出版社 2017 年版，第 133 页。

发展的过程中，是时候重新找回"自然"本身了。这种找回是指认识到不仅自然生态系统是生命共同体，同时人与自然之间所构成的生态系统也是生命共同体，因而实现人与自然的统一首先意味着要顺应自然规律。**第二**，从"以物为本"的发展观走向"以人为本"的价值观。如果说工业文明背后是追求经济无限增长的发展观的话，生态文明则秉持人与自身、人与自然以及人与人和谐相处的"全面发展观"。工业文明范式使得生态问题成为"历史必然"，追根究底在于"资本逻辑"的运行机制：资本奉行"不增长即死亡"的规律，从而陷入不断攫取自然界的自然力以使其进入自身正反馈扩张机制中，人与自然均被视作服务于经济行为的手段。而生态文明则不同，其发展观要求协调生态环境与经济增长的关系以便实现可持续发展，甚至将自然生态资源本身视作"生态生产力"，因而追求的是依靠科技创新投入、以质量和效益为主导、满足人的使用价值的"全面发展观"。**第三**，从注重个体和群体本位的生存观走向"类本位"生存观。中国特色社会主义生态文明观致力于促成人的"原在性"和"本真性"的存在方式。[1]反观当下，从个体本位或群体本位价值观出发容易陷入享乐主义、消费主义和现实主义生活方式之中，此类存在方式预设了资源的无限性，其重视眼前利益、忽略长远利益会造成代际的生态不正义。问题的实质在于如果人总是从个人利益出发、将个人利益最大化就会导致人与自然之间存在张力；相反，要在人

---

[1] "本真性"存在方式借用瓦纳格姆在《日常生活的革命》中的说法，其认为儿童的时间与空间是纯净的本真生命存在样态，也是生命的原初状态，但此种存在方式却被日后资产阶级景观意识形态的虚假幻象所遮蔽，生命存在堕落为对于物性的疯狂占有。参见［法］鲁尔·瓦内格姆：《日常生活的革命》，张新木等译，南京大学出版社 2008 年版。

作为"类存在"的可持续发展上达成共识，从而寻找"人之为人"的本质，因为当人类通过劳动实现在物种界的提升时，便不再与自然直接融为一体，而是"直观自身"并将自然作为认知、实践、价值和审美的对象。事实上，只有从"类本质"出发，现实的人和现实的自然才能在互相敞开中实现自身价值，此种价值恰恰在于使人成其为人。

4.2 从生存到生命：社会主义生态文明观的整体性特征

习近平生态文明思想作为社会主义生态文明观在新时代语境中的表达，是以习近平同志为核心的党中央对新时代以后的生态环境出现的新问题和新要求作出的概括，因立足人民群众新出现的生态环境需要而具有全人类情怀和高瞻远瞩。事实上，习近平总书记从生态环境问题出发所作出的系列重要论述和总体部署已不再局限于有形的民族国家或者地域，而是以理论具有的鲜明中国特色彰显出总揽全球的人类情怀。尽管不同肤色、民族或者国籍的人存在着不同的意识形态立场，但自然属性即生命生存的需要是前提。这一前提决定着生态环境问题的普遍性，为了更好把握普遍性仍需回到生态问题的中国实践和中国理论的特殊性要求中。当前"人民日益增长的美好生活需要"社会主要矛盾的转向标志着中国经济社会出现阶段性变化：不仅仅是经验层面经济发展从追求速度到追求质量的转变，更是社会发展深层动力上人的需要从求生存到生命意识觉醒的转变。后者在实践中呼吁社会全方位转型的系统性要求表现为理论内容层面的整体性特征："美丽中国""绿色发展"和"人与自然是生命共同体"作为具体目标擘画、重要依托环节和深层存在论关切共同构成社会主义生态文明观的基本框架。从整体性特征入手不仅有助于厘清各个概念组成的内容及其相关关系，还能彰显理论自身随实践变化发展所愈加凸显的与时俱进特征。

4.2.1　"美丽中国"：社会主义生态文明观的目标导向

美丽中国的目标导向自党的十九大以来正式成为与"富强美丽文明和谐"相并列的国家现代化重要维度。早在党的十八大报告中就已开启"美丽中国"上升为战略高度的进程，经由党的十八届五中全会通过的"十三五"规划对这一目标予以规定，党的十九大报告持续对目标实现状况作出规划，即 2035 年"生态环境根本好转，美丽中国目标基本实现"，到 2050 年则"把我国建成富强民主文明和谐美丽的社会主义现代化强国"。[1]党的十九届五中全会通过的《中共中央关于制定国民经济和社会发展第十四个五年规划和二〇三五年远景目标的建议》（以下简称"远景目标建议"）也提出到 2035 年"美丽中国建设目标基本实现"。[2]但我们绝不应当将视野局限于国内维度来理解美丽中国的战略任务，还要结合人民群众的主体力量来拓展美丽中国具有的国际视野，因为人民不仅是具有生存以及生命需要的本源主体，而且也是为满足需要不断进行生产实践活动的建设主体。恰恰是在能动性的实践活动中，主体才更能彰显人之为人的生命

[1]　习近平：《决胜全面建成小康社会　夺取新时代中国特色社会主义伟大胜利——在中国共产党第十九次全国代表大会上的报告》，人民出版社 2017 年版，第29 页。

[2]　《中共中央关于制定国民经济和社会发展第十四个五年规划和二〇三五年远景目标的建议》，人民出版社 2020 年版，第 5 页。

意识。

就"美丽中国"的产生而言，目标确立顺应了社会主义生态文明观的理论发展要求。"美丽中国"涵盖了人民群众日常生活的方方面面，例如物质基础的丰裕美、政治发展的民主美、社会关系的和谐美以及文化繁荣的多样美，而生态环境的宜居美对于上述方面而言具有基础性地位，因为人们社会生活各个方面的展开皆以自然物质环境为依托。可从如下方面理解"美丽中国"的产生：新时代以来中国取得的历史性变革是现实依据，社会主要矛盾变化是根本依据，新时代以来中国从"大国"迈进"强国"的客观趋势是时代视域。

第一，经济状况水平既为"美丽中国"目标提出提供了现实依据，同时也构成了社会主义生态文明观的物质基础。任一社会意识形式的变化都与社会存在有关，既与历史上延续下来的社会存在有关，也与当前的社会存在有关，即"在将来某个特定的时刻应该做些什么，应该马上做些什么，这当然完全取决于人们将不得不在其中活动的那个既定的历史环境"。[1]绝不能脱离中国共产党领导人民展开的中国式现代化实践空谈任何观念的形成：新民主主义革命时期，以毛泽东同志为主要代表的中国共产党人除了领导人民改变落后的生产状况以外，更重要的贡献在于在政治制度领域建立起社会主义制度，从而解决了新中国"站起来"的问题；改革开放和社会主义建设时期，以邓小平同志为主要代表的中国共产党人致力于解放和发展生产力问题，将共同富裕作为实现目标，勇于担负起"富起来"的历史任务；新时代以来，在以习近平同志为核心的党中央坚强领导下，中国人民所取得的多

---

[1]《马克思恩格斯文集》第 10 卷，人民出版社 2009 年版，第 458 页。

方面和立体成就都是建立在丰富的物质基础上的，这也对应着包括人民群众追求精神层面的"优美生态环境"需要在内的社会主要矛盾的变化，因而"党的十九大提出了美丽中国建设，社会主义现代化建设内涵也更加丰富，中国特色的社会主义现代化国家不仅是富强民主文明的，更是和谐美丽的"[1]。

第二，建设美丽中国服务于人的全面发展目标，与社会主义生态文明观相互契合。社会主要矛盾如何是判定社会发展历史方位的重要参考，供给侧和需求侧存在的问题也是执政党治国理政聚焦的着力点，而上述现实依据构成执政党提出建设"美丽中国"的根本依据。历史唯物主义作为分析社会的历史性和发展规律的理论体系，其价值蕴含在"现实的人"为满足需要进行的物质生产实践中，换言之，作为客体向度的自然物质规律和作为主体向度的人的能动性发挥两者之间的张力构成历史唯物主义的"一体两面"。以此观之，新时代社会主要矛盾的需求端反映了人民的需要的升级迭代，在生态环境领域表现为从被动治理污染到主动营造优美环境；但新时代社会主义矛盾的供给端，若想真正满足人民大众的需要则仍然任重而道远。鉴于此，"美丽中国"目标的提出不仅是以习近平同志为核心的党中央作出的科学研判，也决定了党和国家在生态环境问题上工作重点的调整和转换，进而加快了社会主义生态文明观在全社会范围的确立。

第三，社会主义生态文明观理论的发展规律与建设美丽中国的时代视域相一致。前者体现了人民群众追求更高层次精神生活的主动性和自觉性，而后者则意味着新时代中国特色社会主义站在了新的发展起点上，两者在逻辑上具有内在一致性，即凸显

_____

[1]　金国坤：《从"新时期"迈向"新时代"：宪法视角下的改革开放40周年》，《新视野》2018年第5期。

精神资源对于现实发展的推动作用。以隶属于精神文化层面的生态审美为例，尽管中国古代传统文化中已经将审美作为人们的日常生活方式，但自然作为审美对象并没有被意识所自觉把握，而新时代对于美丽中国的追求，则是超越主体性哲学、更高位阶的存在论美学，此种存在论美学见诸人和自然的"感性对象性"活动中。此种存在论美学理念指导之下的实践活动，相应要求人们以主体性自觉意识来顺应自然、保护自然。需要说明的是，"美丽中国"绝不等同于西方生态中心主义所主张的保护自然而牺牲发展的非此即彼的理论立场。

就美丽中国的价值而言，其超越国界而展现出具有全球视野的战略眼光。第一，尽管距离马克思生活的时代已过去两百多年，资本的规定性原则仍然建构着西方社会，当下生态问题的根源也因此并未发生根本性改变。当前部分发达资本主义国家确实存在生态优美的表象，但究其实质不过是进行生态环境污染"跨国转移"的暂时性现象，资本主义从最初自由竞争时期过渡到组织化、再向新自由主义阶段的形态过渡并没有改变资本逻辑与生态逻辑相对立的矛盾。资本主义国家持续推进的世界历史进程同时暴露了原有的民族国家秩序的弊端，生态帝国主义则是其政治霸权渗透至自然环境领域的具体表征，归根到底在于资本逻辑的"两大法则"具有逆生态性。一方面，资本的功用法则将一切存在物加以商品化，即借助货币进行价值折算。这种功用法则为，"如果说以资本为基础的生产，一方面创造出普遍的产业……那么，另一方面也创造出一个普遍利用自然属性和人的属性的体系，创造出一个普遍有用性的体系"，[1]自然界的有用性

---

[1]《马克思恩格斯文集》第 8 卷，人民出版社 2009 年版，第 90 页。

具有客观先在性。换言之，旨在获取交换价值的商品生产所需的工人劳动力、生产组织形式、管理手段等形式最终都成为资本剥削自然的"帮凶"。另一方面，资本"霸占"自然界自然力的目的在于增殖。被纳入资本主义生产体系的自然力成为资本主义扩张自身生产力的根本动力，其公共属性加剧了资本的瓜分和盘剥。尽管资本增殖的正反馈机制成为推动社会经济系统的动力，但自然界的公共属性特征使得其被资本盘剥得"一干二净"；同时，发达国家还凭借自身的政治、经济以及技术优势等强势进行产业链转移，并实现生态问题的转嫁。由此可以看出，人类在面对共同生态风险时同属"利益共同体"。

第二，建设"美丽中国"正是在生态问题全球化背景下提出的，达到了特殊利益与普遍利益、民族价值和世界价值的统一，涵盖了中国生态治理的全球视野。不同于"生态帝国主义实行'环境透支'来榨取'外围国家'的自然资源"，[1]建设"美丽中国"从"类"的高度来看待人与自然的关系，蕴含的价值共识自然指涉全人类：不仅包括代内和代际的平等，而且包括民族和地区之间的平等。事实上，全人类共同价值的形成首先基于人类的共同利益，只有每个国家充分认识到生态环境对于个人特殊利益的重要性，才能激活自我意识中对于生态环境保护的要求。因为有限的资源以及地域条件发展的不平衡性使得个体会围绕生态利益展开"战争"，为此应当思考如何将特殊利益提升为代表未来社会发展方向所需要的普遍利益，才是解决上述矛盾的根本。

---

　　[1]　Foster, J. B., Clark, B., & York, R. *The ecological Rift: Capitalisim's War on the Earth*. New York: Monthly Review Press, 2010, p.370.

当前，国内美丽中国建设目标与共建美好地球家园梦想相联系，中国希望通过自身建设推动世界整体生态治理格局的变化。从习近平主席 2015 年 9 月在联合国发表的《谋共同永续发展 做合作共赢伙伴》重要讲话，到 2018 年习近平主席在会见联合国秘书长时提出的为世界谋大同的理念，以及 2019 年发表的《推动我国生态文明建设迈上新台阶》重要文章等，均旨在实现中华民族发展与世界各民族的共同繁荣，从而在人类共同福祉中促进中国自身发展。

4.2.2 "绿色发展"：社会主义生态文明观的具体依托

如果说美丽中国提供了较为宏观的目标擘画，绿色发展则进一步细化并以整体效果巩固中国特色社会主义生态文明观。党的十九大报告中提出以推进绿色发展"加快生态文明体制改革，建设美丽中国"这个目标，[1] 党的十九届五中全会提出"推动绿色发展，促进人与自然和谐共生"，将绿色发展转化为实践要求。此外，党的十九大报告和"远景目标建议"中还提出作为"新发展理念"的绿色发展，因而绿色发展兼具理念和实践的双重维度。同时，本节标题中的"具体依托"同样具有理念依托和路径依托的双重意涵：理念依托揭示了绿色发展理念是社会主义生态文明观在发展层面的构件和具体要求；路径依托说明了绿色发展实践的整体成效构成评判社会主义生态文明观是否确立的标准。换言之，任何理念只有外化于行才能发挥改变实存生活世界的潜

---

[1] 习近平：《决胜全面建成小康社会 夺取新时代中国特色社会主义伟大胜利——在中国共产党第十九次全国代表大会上的报告》，人民出版社 2017 年版，第 50 页。

在物质力量。

首先,绿色发展理念符合社会发展的客观规律,并与社会主义现代化进程相伴而生。一方面中国共产党在新中国成立70余年来的发展历程中始终重视发展理念的创新。我国走上现代化发展道路之初坚持"发展就是硬道理",但自身基础条件的薄弱难免造成生态保护和经济发展之间的失衡。进入新时代以来,我们面临现代化发展的环境瓶颈问题,充分认识到传统发展模式对经济社会建设的制约作用,正是在这一背景之下,作为公共价值诉求的绿色发展理念"横空出世"。其出现有着历史必然性,即走绿色发展道路符合新时代我国变化了的社会主要矛盾解决的需要,同时也有助于提升人民的获得感、幸福感、安全感,实现人民对美好生活的向往。

另一方面,生态与经济的协同发展构成绿色发展理念的具体内容。习近平总书记强调:"正确处理好经济发展同生态环境保护的关系,牢固树立保护生态环境就是保护生产力、改善生态环境就是发展生产力的理念,更加自觉地推动绿色发展、循环发展、低碳发展,决不以牺牲环境为代价去换取一时的经济增长。"[1]这表明自然发展和人的发展是现代化进程中的两端,既不能因为保护自然而牺牲人类的利益,也不能因满足人类的"非理性需要"而掠夺自然。党的二十大报告强调"我们坚持可持续发展,坚持节约有限、保护优先、自然恢复为主的方针,像保护眼睛一样保护自然和生态环境,坚定不移走生产发展、生活富裕、生态良好的文明发展道路,实现中华民族永续发

---

[1] 中共中央文献研究室:《习近平关于社会主义生态文明建设论述摘编》,中央文献出版社2017年版,第20页。

展"，[1]正是对这一绿色发展理念的具体诠释。中国式现代化关于人与自然和谐共生的特征要求我们必须将生态文明建设作为经济社会发展规划的重要内容，通过优化产业结构、构建低碳能源体系、发展绿色建筑和低碳交通来实现。

其次，就绿色发展理念指导下的中国绿色发展实践来说，绿色经济社会的顺利建成是预期成果。要将绿色发展理念贯穿于当下经济社会发展的方方面面，从而不仅重塑人与自然的关系，而且重塑人与人之间的关系，如此通过生产方式、生活方式、思维方式和价值观念的革命性转变促成一个绿色经济社会的出现。党的十九届五中全会中明确"新发展阶段"的历史方位具有理论逻辑、历史逻辑和现实逻辑，但这一阶段仍然属于社会主义初级阶段，厘清这一前提有助于把握经济社会发展中仍然存在的非绿色问题。受科技发展制约的社会生产力水平的不够先进决定了生态问题存在的历史必然性，但这种必然性与历史发展的客观规律有关，而与先进的思想意识形态无关，因此并不能因为社会主义国家存在生态污染问题，就声称比资本主义制度落后，这不过是一种"意识形态的幻觉"。经过改革开放40余年的发展，依靠中国人口红利以及单一资源要素投入的经济发展模式正处于转型时期，这就要求我们在实践层面上推动"五位一体"的建设，将生态文明观念融入经济建设、政治建设、社会建设和文化建设，才能协调统一生产发展、生态良好和生活宜居三者的关系，进而推动人与自然、人与社会和谐共生的绿色经济社会的更快到来。

---

[1] 习近平：《高举中国特色社会主义伟大旗帜 为全面建设社会主义现代化国家而团结奋斗——在中国共产党第二十次全国代表大会上的报告》，人民出版社2022年版，第23页。

　　科技创新是践行绿色发展的重要依托，但绿色经济社会不仅仅是追求经济高效率高质量发展的社会，相应地在文化层面、生活方式层面以及社会发展层面也提出了更高要求，只是科技作为生产力的基础决定了其他层面能否转型成功。"绿色发展是生态文明建设的必然要求，代表了当今科技和产业变革方向，是最有前途的发展领域"，[1] 从哲学理念的奠基，到方针政策的制定再到法治的完善等形成一整套完整的理论体系和治理架构。这种顶层设计，突出强调通过构建现代化的绿色产业体系来发挥国民经济的绿色化的支撑作用。具体而言，就是要转变经济发展方式，依托绿色科技与生态法治的合力，积极推动经济循环，提升民众生存发展的生态环境质量，实现经济社会协调可持续发展，从而牵引其他方面转型升级。经济层面上要依靠绿色科技发展绿色经济形态；生活层面，也要推动生活方式的绿色转型，实现人们的生存方式与生态优美相协同，使绿色生活和绿色消费成为美好生活的标志；文化层面，除了在社会范围内培育绿色文化，还需注意生态审美意识的培育，因为随着"后物质主义"社会的到来，人们更需要有意识地提升自我的精神境界；社会发展层面，除了需要将绿色发展作为当代人的价值选择，更要兼顾代际价值，从而使子孙后代共享绿色发展红利。

　　实际上，无论是作为理念还是作为实践的"绿色发展"始终受到社会主义生态文明观的定向，这一定向反映了 70 余年来人民从生存需要到发展需要变迁的时代轨迹。自然的限制是一个

---

　　[1]　中共中央文献研究室：《习近平关于社会主义生态文明建设论述摘编》，中央文献出版社 2017 年版，第 34 页。

国家在走上现代化发展道路的初期所面临的障碍，对于自然的认识和利用始终伴随着人类社会的进步发展。作为传统农业大国和人口大国，新中国成立初期不得不集中精力发展重工业，工业化任务的实现一定程度上牺牲了农民的生存权利，加之传统社会生产力水平的低下使得人与自然关系处于相对紧张的状态。新中国成立初期，喊出"人定胜天""愚公移山"以及"兴修水利"的口号，旨在调动人的主观能动性以改造自然，使自然成为有利于人生存的对象。伴随着改革开放号角的吹响，以及1992年提出建立社会主义市场经济体制，资本开始逐步扮演重要的角色，自然在被卷入市场机制的同时也逐渐"商品化"。质言之，自然的价值被狭隘地理解为单一的经济价值。进入新时代以来，物质生产水平的提升才使"生命共同体"理念具有现实可能，在物质生产力落后条件下，生态文明观无疑处于被遮蔽状态。在社会主义生态文明观形成的过程中，物质生活资料的日趋丰富成为个人需要跃迁的现实基础，同样，自然价值不再局限于满足人的生存需要，而得以成为满足个体发展需要的对象，即建成一种"人与自然和谐共生的现代化"。

4.2.3 "生命共同体"：社会主义生态文明观的存在论关切

存在论是以实践论为基础的价值关怀，因而社会主义生态文明观的存在论关切指向实践中自然与人两者价值的协调统一，并牵引出实践中系统治理的方法论要求。

第一，"生命共同体"将人与自然的有机整体作为世界观基础，而非孤立、静止和片面地看待任一方，否则依旧跳不出近代西方主—客二分的认知框架。从这种认识论框架出发，只能看到人与自然处于相互对立的状态，人只能从工具属性角度来认识作为客体的自然。事实上，人在此种认识论框架中并不是通常意义上作为生物体的肉体存在，而具有特定的理论构型：是抽象的"我思"而非肉身存在的"我"能够使自然界为自身服务。要理解"我思"如何从整个社会结构中脱落，需回到传统社会中混沌的同一性，这种同一性是人们运用想象方式来阐述自我与自然、社会之间关系的结果，只有各个要素被纳入统一的框架才能为人提供安全的意识。个人从自然、社会中的脱落标示着现代社会的到来，科学技术的发展和主体性意识的觉醒促使将自然作为"质料"进行研究，不仅天然自然的范围不断缩小，而且导致了人类滥用自然资源所引发的生态危机，当今资本主义在全球范围内制造的生态"断层线"更加证明"主客二分"认识论框架的局限。与此相反，"生命共同体"从有机整体的世界观出发，将人与自然视为生态系统内的构成要素。一方面，自然界是与人类血脉相连的有机整体，自然界构成了人的无机的身体。从人的生物性存在属性来看，传统社会中生产力的低下使人的原初性存在就是自然本身，就此而言，人因自然而生，人与自然是一种共生关系。随着自然界以及后来人类社会的长期演化，人凭借劳动实践活动获得了在物种界和社会关系中的"两次提升"，尽管如此，自然界在人的生存和发展过程中始终具有先在性。可以说对于自然界的保护就是保护人类自身，我们要"把生态环境保护放在更加突出位置，像保护眼睛一样保护生态环境，像对待生命一样对待生态环境"。[1]另一方面，"生命共同体"内部也具有整体性的生态系统关联。占

---

[1]　中共中央文献研究室：《习近平关于社会主义生态文明建设论述摘编》，中央文献出版社2017年版，第8页。

据不同"生态位"的各个要素之间尽管存在差别，但差别因在系统中故而是相互联系的差别，这是由它们共处的空间场域决定的。正如特殊与普遍、部分与整体之间的关系，各个自然要素的存在也要依赖整个生态网络，而生态系统提供的物质产品服务和生态文化服务等功能的发挥也要以各个要素的稳定性和完整性为前提，这同样是对于自然规律的尊重。正如党的二十大报告指出的："大自然是人类赖以生存发展的基本条件。尊重自然、顺应自然、保护自然，是全面建设社会主义现代化国家的内在要求。"[1]

第二，"生命共同体"着眼人与自然之间的"自由"共在关系。牺牲生态环境的"人类中心主义"者仅是为了安放个体的自由，而逆社会发展趋势妄图回到原始自然的"生态中心主义"者则是为了守护自然权利，两者由于皆未寻找到人与自然间的平衡点而各持一端。实际上，正确理解了"价值"概念才能寻找到两者之间的平衡点，但这里的"价值"并不是"效用价值论"中的"价值"。马克思从"劳动创造价值"出发，将价值的本质理解为人与人之间的社会关系，列宁对此有过经典的论述：凡是资产阶级经济学家看到物与物之间关系的地方，马克思都揭示了人与人之间的关系，因而价值不是"自然物质"现象，相反是一种基于劳动实践所形成的"人化自然物质现象"。由劳动的二重性赋予价值关系的二重性，并且人与人的关系必然要通过物的交换形式来表现，因而马克思的价值概念打通了自然领域和社会历史领域的相互隔绝状态。这种统一在"生命共同体"中得到了实现，表

---

[1] 习近平：《高举中国特色社会主义伟大旗帜　为全面建设社会主义现代化国家而团结奋斗——在中国共产党第二十次全国代表大会上的报告》，人民出版社2022年版，第49、50页。

现为经济价值和政治价值统一于社会主义现代化的进程中。就"生命共同体"的政治价值来说，将生态环境提升到政治高度是"以人民为中心"立场在新时代的具体表达：人心作为最大的政治，关乎人民生存和发展的优美生态环境利益问题就是政治问题，坚持以"以人民为中心"的政治立场才能更好地在建构现代国家过程中将人民"组织起来"；就"生命共同体"的经济价值来说，绿水青山提升绿色生产力，兼顾经济现代化与生态现代化，促进经济发展和生态环境优化的协同实现。

第三，"生命共同体"包含着系统治理的方法论要求，开启社会主义生态文明观的多元价值建设系统。"要用系统论的思想方法看问题，生态系统是一个有机生命躯体"，[1]这种系统治理的方法论要求是由有机整体的世界观和人与自然和谐发展的价值追求所共同决定的。此处有必要对"方法论"要求作出简要说明，由于本小节围绕人的价值与自然价值的共同实现而展开，因而要统筹考虑以人民为中心的政治立场以及现代化发展经济维度的价值实现：

一方面，中国作为现代国家予以建构的过程即为实现中华民族伟大复兴的过程。"只有创造过辉煌的民族，才懂得复兴的意义；只有历经苦难的民族，才对复兴有如此深切的渴望。"[2]自近代以来，无数仁人志士就救国方案进行持续探索，尽管 1911 年辛亥革命确立起的资产阶级共和体制推翻了帝国统治，但根本上并未将广大人民从压迫力量中解救出来。站在真理和道义的制

---

[1]　中共中央文献研究室：《习近平关于社会主义生态文明建设论述摘编》，中央文献出版社 2017 年版，第 56 页。

[2]　中共中央宣传部：《习近平新时代中国特色社会主义思想学习纲要》，学习出版社、人民出版社 2019 年版，第 49 页。

高点上，中国共产党肩负领导实现中华民族伟大复兴的历史重任，坚守以人民为中心的价值立场，以强党实现强国目标。

另一方面，还要实现现代化发展经济维度的价值目标。中国所要实现的现代化符合人类社会发展大势的原因之一在于现代化内涵的立体性，而且更重要的是人的现代化而非单纯追求经济发展。生产力推动的经济现代化不仅构成社会进步的直接动力，更构成一切领域现代化的前提条件，但经济进步与自然资源、个体发展之间的张力问题也对现代化的可持续提出考验。新时代以来，改革开放以后所形成的经济体系、市场机制、政府结构、社会治理等对于从要素生成到整体建构、从数量生成到质量转换以及从结构生成到制度聚合等问题的处理上，无不要求将生态环境承载力纳入评估标准，由此才能实现国家治理体系和治理能力现代化目标。"生命共同体"理念作为新时代生态文明观的集中表达，不仅体现了执政党从政治高度上来看待生态环境问题，而且意味着从生命高度统筹经济活动与生态环境之间的关系，这为社会主义现代化建设事业的永续发展提供了不竭动力。

4.3 从思想到行动：社会主义生态文明观的实践论要求

哲学的批判不是为了拆除，而是为了建构；不是为了标榜自身唯一的正确性，而是为了切近时代之思，而实现这个目标的方法就是实践。我们不仅要从实践性来把握马克思主义的理论品格，更要从实践性来理解作为观念的社会主义生态文明观：社会主义生态文明观作为顺应时代之需、彰显自身特质的生态文明观体系，对于人与自然的关系、人与社会的关系以及人自身的价值等问题的回答也随着社会现实发展不断完善。具体表现为：新时代以来社会主要矛盾的变化，使得自然地位突破原有生存领域的局限，深层关联于广大人民群众的生活质量，这是社会主义生态文明观从关注生存到关注生命的自我提升。要紧的是一种观念如何才能对主体发出行动指令。如果对这种理论提升"何以可能"进行追问，答案则是这是由理论的实践性所决定的，而这种实践性或者说革命性是内在于马克思自然观的品质。正是实践性使得马克思自然观与隶属于形而上学传统中的自然观（包括近代以来自然观和后来西方兴起的生态哲学流派）进行决裂：关注实存社会历史领域中的自然与人的生存和发展状况，而非孤立地看待其中任何一方面，为此仅仅将人和自然视为感性直观对象的旧唯物主义的缺陷在此暴露无遗。社会历史之现实的观点既是新唯物主义出发的起点，同时又是作为批判理论的新唯物主义的终点。

尽管新时代与马克思所生活的时代及对未来社会主义的预判有着很大不同，但作为分析生态环境问题本质的自然观或者生态文明观理论具有的实践品格则始终如一，这种品格集中体现在习近平生态文明思想之中。其中，习近平总书记关于"人与自然是生命共同体"的重要论述提供了生态本体论的基础，进一步决定了生态价值立场以及如何实现这种价值立场的发展路径。这里需要对"生态本体论"的决定作用作一说明。基于马克思自然观的基本立场和方法论基础，人与自然是有机整体的关系，那么这一本体论问题如何牵引出发展方式以及价值旨归的问题呢？现有作为工具论和目的论的两种生态文明观[1]，工具论侧重于发

---

[1] 王雨辰:《构建中国形态的生态文明理论》,《武汉大学学报（哲学社会科学版）》2020 年第 6 期。

展而目的论侧重于生存。中国处于社会主义初级阶段负有生存与发展的双重历史性任务，决定了中国的生态文明观会实现民族发展和全人类生存的统一。就国内来说，尤其是在 2021 年中国历史性解决贫困问题以后，全面建成小康社会的背景深化了对生态问题进行发展维度的思考；就国际来说，习近平生态文明思想的全球视野和人类关怀既能促进全球生态环境问题解决，又能维护全人类共同生态利益。习近平生态文明思想指涉的范围惠及中国全体人民，而非如"深绿"或者"浅绿"思潮所涉及的一部分人。进一步细化，方法论层面，坚持以科学生态知识强调的生态系统一体性指导生态文明建设实践；发展观层面，坚持德法两种手段防范资本掠夺自然资源；价值观层面，致力于实现中华民族以及世界人民的永续发展。这三个层面分别对应习近平总书记关于"人与自然是生命共同体"重要论述在生态保护、经济发展和社会可持续领域的具体应用。

4.3.1　生态方法论：以整体性和系统性指导生态文明建设实践

本节集中从哲学层面探讨系统治理背后的方法论原则，因而针对具体治理实践方式在此不予赘述，即如何治理山水林田湖草各个要素。可以说，本体论角度上将人与自然视为生态系统的有机构成要素，和割裂看待人与自然之间的关系的片面看法，在实践中分别会形成对待自然的不同方式。中国古代"天人合一"文化传统从客体角度看待人与自然，作为功能性存在的自然在政治实践领域因农作物丰收而被用来维护帝王统治和社会秩序；在文学领域，自然的审美属性更彰显了文人的抒情需要。尽管古代社会人们在农业生产实践中确实顺应自然和保护自然，但自然在实践中仍处于"他者"地位。同一时期的西方哲学把人的地位置于自然之上，并伴随着理性的觉醒持续展开对自然的掠夺，其中作为形而下世俗基础的主体性资本更是将自然纳入商品化轨道，并以私有制确立了人与人在占有自然资源权利上的不均衡性。可以说形而上学的哲学观基础和形而下的资本逻辑潜在包含日后生态危机的萌芽。

　　生命共同体思想吸收了生态科学中对于自然的整体性理解的观念，形成人与自然是有机整体的世界观原则。一方面，生态知识视域下的自然价值并非抽象的、与人无关的价值。我们在这里确立的自然价值并非生态中心主义者的自然价值论。就生态中心主义者的局限来看，内涵上，生态中心主义的自然价值论存在着价值泛化风险，这种风险在于自然作为不依附于人类的自在自为存在，并能够从自然的客观存在事实直接跃升为价值。但问题在于其并没有给出从存在到价值的论证过程，因而不免存在着将价值泛化的风险。研究范式上，其秉持的是后现代主义旨在维护中产阶级利益的原则。其将自然保护与经济发展完全对立，尤其认为工业文明所带来的科技进步和经济增长是造成生态问题的根本原因，因而反对技术的发展以便维护"荒野"自然。但问题在于停止工业化进程会使广大的第三世界国家丧失自身的发展权利，因而自然价值仅仅成为现有资产阶级维护自身利益的工具。我们承认的自然价值是肯定发展前提之下的自然之于人的价值。另一方面，自然价值确立了生命共同体理念的本体之基和科学之维。生命共同体理念除了继承马克思关于人与自然是有机整体的哲学思维，还看到了人与自然之间的系统性。这种科学思维得益于生态科学及系统科学，揭示出物质变换的规律，同时这种变换也构成系统进化的动力，即"生态系统允许包括生物成分和非生物成分，这些成分一起变化和演进，这样，生态系统这一术语就意味着一个共同进化的单位"[1]。

世界观上的整体性和系统性要求生态文明的实践采用与之相符的方法论原则：首先，这一方法论体现为生产方式的整体变革。既然人与自然同属于生态系统的有机组成部分，则应当将两者间的共生共荣关系贯彻于生产方式之中。就人与自然作为有机整体而言，要通过对自然生产力的强调建立起生态保护与生产发展之间的平衡。其重要性在于良好的生态环境降低了包括劳动力在内的各项生产要素成本；另外，工业文明的进步刺激着主体更高层面精神需要的出现，自然不仅仅被视作满足人的生存和生产的工具，更要被纳入主体的审美范畴之中，从而"按照美的规律来构造"[2]自然，"还自然以宁静、和谐、美丽"。[3]

其次，治理的系统性和整体性要贯穿于整个治理过程。**就治理的对象而言**，自然作为诸多要素的有机组成，其功能绝非各个要素的简单相加，治理生态问题应当避免"头痛医头，脚痛医脚"的做法，因为水同山、水同田、林和草之间的关系要求对各个要素作出系统把握。同时，不同地域的生态治理也要考虑整体性协同问题，"由一个部门行使所有国土空间用途管制职责，对山水林田湖进行统一保护、统一修复是十分必要的"。[4]以修复长江的生态环境为例，2020年12月26日所通过的《长江保护法》将"共抓大保护、不搞大开发"写入其中。这部流域法律的制定不

---

[1]［美］罗·麦金托什：《生态学概念和理论的发展》，徐嵩龄译，中国科学技术出版社1992年版，第146页。

[2]《马克思恩格斯文集》第1卷，人民出版社2009年版，第163页。

[3]习近平：《决胜全面建成小康社会　夺取新时代中国特色社会主义伟大胜利——在中国共产党第十九次全国代表大会上的报告》，人民出版社2017年版，第50页。

[4]中共中央文献研究室：《习近平关于社会主义生态文明建设论述摘编》，中央文献出版社2017年版，第47页。

仅将长江上下游和左右岸作为整体生态系统进行考量，而且充分兼顾了不同行业、不同部门以及不同地域之间的利益关系。具体而言，《长江保护法》在空间范围上包括了长江各个干流、支流和湖泊所涉及的行政区域，并进一步对上中下的资源、环境、文化、经济和社会等众多因素进行一体化的考量。总之，从长江生态环境的预先防护和事后治理两个方面推进，避免了原有的现代化发展模式中的"先污染后治理"的老路，从而使长江流域发挥着环境和资源的双重价值。**就治理的主体而言**，尤其要凸显政府在各个治理主体之间的主导地位。不仅要在同一区域中严格压实政府主体责任，还要协调不同区域之间的政府主体职责。因为持续的现代化进程在促进社会发展的同时，区域之间的资源禀赋和地理环境差异也会凸显区域间发展不平衡的问题，这就需要不同区域政府管理部门间的合作。习近平总书记指出，"我国幅员辽阔、人口众多，各地自然资源禀赋差别之大在世界上是少有的，统筹区域发展从来都是一个重大问题"。[1] 因而加强地区之间的生态交流和合作，构筑跨区域之间的生态保护系统显得尤为重要。仍以《长江保护法》为例，尽管此前适用于长江流域保护的法律众多，例如行政层面上有《长江河道采砂管理条例》《太湖流域管理条例》等，在部门规章层面有《长江流域大型开发建设项目水土保持监督办法》《省际水事纠纷预防和处理实施办法》等，但是在具体的实行过程中依然不乏"依法打架"或"法律打架"的现象，而《长江保护法》则创新了长江流域管理体制机制：将"九龙治水"变为"一龙治水"的做法通过明确中央各部门和地方各级人

---

[1]　习近平：《推动形成优势互补高质量发展的区域经济布局》，《求是》2019年第24期。

民政府的具体职责，为政府提供优质环境的基本公共服务职能提供了实践遵循。

4.3.2　生态发展观：以德法共治防范资本掠夺自然资源

"生命共同体"理论在指明人与自然之间和谐共生可能性的同时，一并给出了通向这一美好愿景的实践解答。选择何种发展模式绝非头脑中的理论思辨，而是需要考虑在结合历史和当下现实国情所展开的现实运动中总结出的实践经验。是以持续发展面向未来促成人与自然的和谐共生，抑或者反对发展退回到前现代人与自然的"温情脉脉"？实质上，思考"要不要发展"以及"如何发展"可转化为如何认识以及处理资本在经济发展中的作用问题，而"生命共同体"作为中国特定历史发展阶段给出的理论回答，内在地包含了运用资本推动绿色发展的实现机制。

资本作为推动现代社会发展的力量，在自身的无限扩张中包含着不可逾越的历史界限，该界限在生态领域内表征为资本积累与生态贫困的二律背反。资本出现以前，传统社会发展缓慢的原因在于生产力的停滞不前，等级制社会周而复始的特征源于生产力系统处于简单再生产阶段，尽管有少量的剩余劳动被投入生产系统，但多数剩余劳动成为统治阶级维持国家机器或享乐消费的资料。换言之，剩余劳动成为死财富。而资本作为活财富的本质就是能够在流动中实现自我增殖，这构成了生产力发展和社会进步的规定性原则，正如马克思所讲到的"资产阶级在它的不到一百年的阶级统治中所创造的生产力，比过去一切世代创造的全部生产力还要多，还要大"。[1]但资本在积累的同时也带来生态

---

[1]《马克思恩格斯文集》第2卷，人民出版社2009年版，第36页。

环境贫困的问题, 矛盾的出现恰恰在于资本无限增殖的意志。资本需要剩余劳动的不断积聚, 预设的前提为能够对自然资源进行无限制的消耗与掠夺。自然资源之所以能够作为资本扩大再生产的条件包括: 一是具有公共物品属性以及产权不明晰的特征, 对其无法定价就导致资本接近零成本地掠夺自然。二是资本生产依靠自然物质条件才能转化为现实动力。尽管资本在本质上是一种社会关系, 或者可以将其理解为社会权力, 拥有资本的多寡意味着享有的分配社会资源的权力的不同。但这种社会关系一旦脱离自然物质便成为空中楼阁, 归根结底在于劳动再生产过程中具有的自然和社会的"二重性", 并且社会关系的属性要以"社会自然物质"为依托。生态问题不可避免地成为现代社会发展的衍生物, 但现代化作为社会历史的客观发展进程同时表明了如下逻辑: 完全否认资本的文明作用就如同把孩子和洗澡水一起泼掉。

我们仍然不能忽视社会主义初级阶段的历史规定。与此同时, 世界经济全球化, 如何利用和驾驭资本仍是未来发展将长期面对的时代课题。传统的现代化发展之路所造成的生态问题暴露出资本逻辑的内在缺陷, 资本的工具理性在遮蔽价值理性的同时, 导致人从发展的目的沦为手段。如何克服资本与生态环境之间的张力, 进而走出一条新型的现代化道路成为中国建立社会主义制度一开始就思考的问题。社会主义的制度属性和党的领导为解决资本难以遏制的逆生态性问题提供政治保障。

生命共同体理论蕴含的"德法兼备"生态治理观为资本掠夺自然提供防范, 最终形成所有人共享成果的"真发展"局面。首先, "生命共同体"以社会主义生态文明制度架构提供不可逾越的底线。根本制度和具体制度的关系是根本制度对具体制度具有价值规范意义，而具体制度产生于具体生态文明实践，是根本制度的具体化延伸。自我国社会主义市场经济建立以来，物质生产领域发展水平与人的精神文明建设间不同步的原因在于资本逻辑的"脱域"。正是基于根本制度框架，中国反对资本主义国家那种资本逻辑优先的做法，在实践中也始终警惕自然资源的过度利用倾向。就具体制度而言，我国始终"基于环境正义的自然资源的使用权、补偿制度、考评体制以及自然资源管理体制的变革"[1]等来合理使用和管理自然资源；对于各级生态治理主体而言，我国通过奖惩制度和激励机制明确各级领导干部的生态治理责任，因为只有牢固的制度才能打破利益藩篱；此外，在一系列法律法规保障下，我国在生态文明实践中实施了重大生态修复工程、退耕还林还草工程以及国家公园体制建设工程。应当注意的是，对于具体的环境经济或者公共政策应当防止"去政治化"或"亲资本化"倾向，因为资本主义的全球体系决定这些倾向是可能出现的。事实上，"在我国渐趋成型的或主导型的事实上是一个以生态文明建设为主题或关键词的生态文明及其建设话语体系"，[2]这些具体制度需要始终接受上一层级的"政治正确性"检验，以保证生态文明建设同时是生态上进步文明的和社会主义政治取向的。[3]

另外，"生命共同体"以生态文化自律构筑主体行为的道德

---

[1] 王雨辰：《习近平"生命共同体"概念的生态哲学阐释》，《社会科学战线》2018年第2期。

[2] 郇庆治：《生态文明及其建设理论的十大基础范畴》，《中国特色社会主义研究》2018年第4期。

[3] 张剑：《社会主义与生态文明》，社会科学文献出版社2016年版；王宏斌：《生态文明与社会主义》，中央编译出版社2011年版。

高线。将自然地位摆在生命高度有助于重塑主体的生态道德、生态价值和生态文化，以此促成主体在生命深处与自然的相遇。现代文明的发育使得传统社会中依靠主观意志配置资源的做法不再奏效，相反，依靠制度或者规则成为文明的标志，文明更重要的落脚点在于正确的"现代化观"，即"只有坚持以人民为中心的发展思想，坚持发展为了人民、发展依靠人民、发展成果由人民共享，才会有正确的发展观和现代化观"。[1]"现代化观"的正确意涵不仅意味着吸纳与融合资本所奠定的物质文明，更意味着作为文明发展主体的人对于更高层面的道德自律和精神追求，因此特定历史时期内资本发挥的文明作用与新时期背景下对资本历史合理性限度的超越是同一过程的两个方面。当资本文明所开启的现代性不再能够确认"人"本身的概念之时，应当探索新现代性发育之路让发展重新回归人的本身，这样实现的发展才意味着社会主义生态文明观内化为人的精神境界。上述理论的"职能主要在于关注人类生态价值观的提升和根本变革，进而将这种生态意识内化为指导人们行为的信念"，[2]因而完全区别于仅仅通过制定生态法律制度规范主体行为的那种作为发展观的生态文明理论。事实上相较于外在的强制约束，生态意识只有内化于心才能产生外化于行的效果，进而促成人与自然和谐共生图景的实现。社会发展的物质推动力是由人民群众所创造的，因而观念的变革所产生的历史合力应当被重视。尽管马克思的历史唯物主

---

[1]《深入学习坚决贯彻党的十九届五中全会精神　确保全面建设社会主义现代化国家开好局》，《光明日报》2021 年 1 月 12 日，https://epaper.gmw.cn/gmrb/html/2021-01/12/nw.D110000gmrb_20210112_1-01.htm。

[2]王雨辰：《论发展中国家的生态文明理论》，《苏州大学学报（哲学社会科学版）》2011 年第 6 期。

义语境中无产阶级的内涵如今已发生重大变化，但致力于全人类解放事业的价值追求是从未改变的，在新时代表现为人民群众以高度的生态自觉意识"推动形成节约适度、绿色低碳、文明健康的生活方式和消费模式"[1]来助力美丽中国和美丽世界的建设。

4.3.3 生态价值观：以共同体价值观引领全人类可持续发展

如果说生命共同体理念在方法论层面揭示了发展状态是什么，在发展观层面揭示了如何发展，那么在价值观层面则解决了发展归宿的根本问题，也正是对这一问题的回答使得社会主义生态文明观具有鲜明的"中国特色"。

生命共同体理念作为社会主义而非资本主义的生态文明观，价值取向上回应了马克思自然观中"人的自由而全面的发展"。其在承认人的价值中预设了如下逻辑前提，即在自然科学意义上"生命共同体"具有生态的维度。一旦人或者自然原有"生态位"失序就会引发进一步的生态难题，在此种意义上可以将自然界内部各种现象构成视作客观规律的运行使然，实际上人类只有到了特定历史时期借助自然科学技术才能对此有所认知。恩格斯在 19 世纪三大发现的基础上将自然理解为一个自我生成和自我灭亡的渐进过程，此时自然从神学统治、因果决定论中解放出来，后来生态知识的发展为人类敬畏自然提供了科学依据，生命共同体理念在遵循此逻辑的前提下强调**人的维度**。早期生态问题原本是自然内部"自组织"的问题，自身发展变化无关人之存在，但是人类文明发展史让自然问题和人与人的社会关系产生了联系。尽管为谋生展开的、人与自然之间的"博弈"在不同社会

---

[1] 习近平：《习近平谈治国理政》第 2 卷，外文出版社 2017 年版，第 396 页。

形态下样态殊异，但无论是原始文明、农业文明还是工业文明阶段，历史始终是人类求生存进而求发展的历史。生态危机之所以自工业革命以来逐步上升为全球性议题，根本原因是人与自然的关系的恶化已然威胁到人类生存。生产力的发展原本旨在让人类拥有更好的生活，但自身产生的"现代性悖论"却逐渐背离其初衷。自人类出现以后，离开人类生存和发展来谈论生态问题会导致抽象的"人"与"自然"间的二元对立。

但生命共同体的立场在于坚持"类本位"价值取向。自工业革命以来，人类理性的觉醒及凭借科学技术所展开的对于自然的掠夺引发了生态环境问题，这导致一批学者看到"人类中心主义"的价值缺陷，进而否弃包括人的正常需要在内的一切人类利益。但他们的问题在于将不同类型的问题混淆在一起：因为从社会经济基础出发，我们只能否定作为具体形态的人类中心主义，所否定的是资产阶级生产方式下形成"个人"本位和"群体"本位的价值观，在实践中显现为个人或者群体的拜物教意识。换言之，个体本位和群体本位价值取向，植根于经济社会领域中人们的利益分化，其通过私有制在社会中获得合法化。但这并不意味着消灭资本主义制度就能够消灭生态危机，因为资本逻辑和工业技术的资本主义应用只是最大限度地释放了个体和群体的需要，利益分化关系才是比抽象的人类中心主义更根本的导致生态问题的根源。坚持"类本位"立场的生态文明理论的必要性和可行性在于：就必要性来说，类主体的形成创设了人类在交往上发展起的共同利益的前提。经济全球化的持续发展促成了内在有机和风险共担的全球社会，人类联结成命运共同体是不容置疑的事实，共同利益正是在各民族国家普遍交往中获得现实性。可行性在于，由上述普遍依存关系和全球生态危机下形成的人类共同利益，与各个民族国家所维护的特殊利益具有一致性。这就是说，每个人在把自己作为目的同时，也必然将自身同时作为别人的手段，进而达到康德意义上的"非社会的社会化"。

生命共同体理论所秉持的"以人民为中心"价值取向，是对人类整体永续发展的实践解答。**首先**，植根于"以人民为中心"的绿色发展需要是生命共同体在国内层面的具体化表达。我们承认良好的生态环境是人类社会永续发展的需要，但并不意味着为了环保就要放弃社会一切发展，以科技创新为导向的绿色发展显然具备满足经济、社会以及生态等多重需要的功能。然而就现状而言，地区之间的经济发展、生态资源等的不均衡阻碍着人民美好生活的实现和幸福感的提升。除却先天地理位置差异，后天生态污染向落后地区的转嫁无疑影响着当地人民的生态需要，为此只有从根本上促进产业绿色结构转型，并建立完善公平正义的生态资源分配制度和环境管理制度，才能使人民过上生产发展、生活富裕和生态良好的幸福生活。**其次**，植根于"以人民为中心"的生态环境需要拓展着国际层面上人类命运共同体的生态价值。人类命运共同体的生态价值目标是"清洁美丽"，这个目标是辩证地看待人、自然、社会之间关系的结果；生命共同体理念的提出更是向世界表明中国参与和引领全球生态治理的决心，"对人类社会进行了全方面的价值观重构，实现了人类价值观与自然价值观的和谐统一，进而通过绿色发展实现了人与自然的双重价值"，[1]因此我们为世界人民共同面临的生态问题贡献了中国的力量。早在改革开放初期，邓小平就曾前瞻性指出"中国的

---

[1] 赵建军、杨博：《"绿水青山就是金山银山"的哲学意蕴与时代价值》，《自然辩证法研究》2015年第12期。

发展离不开世界"，离不开则是因为"帮助是相互的，贡献也是相互的"。[1]时至今日，这种意义更在生态危机及由生态危机引发的疾病扩散中不断凸显，中国正通过承担"共同但有区别的"责任来彰显自身负责任的大国形象，进而为世界生态治理新格局提供中国方案。"通过'一带一路'建设等多边合作机制，互助合作开展造林绿化，共同改善环境，积极应对气候变化等全球性生态挑战，为维护全球生态安全作出应有贡献。"[2]在践行"人与自然是生命共同体"的过程中，中国以"风景这边独好"彰显全球生态治理的"中国智慧"。

---

　　[1]　邓小平:《邓小平文选》第 3 卷，人民出版社 1993 年版，第 78、79 页。

　　[2]　中共中央文献研究室:《习近平关于社会主义生态文明建设论述摘编》，中央文献出版社 2017 年版，第 138 页。

第5章　社会主义生态文明观的价值指向

马克思自然观生态意蕴中的价值向度作为"基因"是社会主义生态文明观的一部分,其中国化时代化发展历程就是"人的自由而全面的发展"目标不断展开和彰显的过程。马克思毕生致力于实现无产阶级解放,无产阶级概念成为贯穿其自然理论的思想轴线;但理论绝非僵死的"历史事实"和"历史材料",而是在新时代语境和实践荡涤中不断实现自身的创新性发展。就此而言,无产阶级概念在新时代语境下转化为"人民"概念,即包括纳税人在内的广大人民群众。[1]党的领导必须坚持人民立场这一价值遵循:不仅需要思考如何利用工业文明成果来实现发展,还要思考如何将人与自然的关系从工业文明中解救出来,归还给人本身,进而在全社会牢固树立社会主义生态文明观。

---

[1]　张雄:《构建当代中国马克思主义政治经济学的哲学思考》,《马克思主义与现实》2016年第3期。

5.1　人民立场：中国共产党构建社会主义生态文明观的价值遵循

如果说尊重自然规律是社会主义生态文明观的科学性要求，那么尊重社会历史规律则是价值性要求，即尊重人民生存和发展的价值，而中国共产党是将这一价值立场彻底贯彻到社会历史实践领域中的领导力量。事实上，不同的价值观对于自然的态度不尽相同，自然在资本本位的欧美资本主义国家语境中被视为盈利手段和工具，个人本位的价值观及其异化了的"物性"生存观持续加重着生态环境的负担。人民立场作为中国共产党人具有的根本政治立场，不仅意味着要追求财富的相对平等，而且始终要求在思考自然问题时纳入人民维度。新时代社会主义现代化强国目标作为诠释中国共产党人民立场的生动注脚，包含了民族复兴目的、现代化发展道路以及社会主义政治取向这三重向度，并在中国共产党领导下的生态文明实践及形成的生态文明观中得到体现。换言之，生态问题关乎中华民族伟大复兴，生态问题关乎中国现代化建设事业，生态问题关乎世界人民的共同解放。

5.1.1　生态政治化：中华民族伟大复兴的中国梦是中国人民的梦

民族复兴构成看待社会主义生态文明观的首要视角，由此生态问题在中国共产党领导的民族复兴的历史性实践中逐步上升为政治问题，即生态政治化。民族复兴梦是世界各民族共通的梦想。但不同价值立场是区分民族梦的异质性所在：美国梦是少部分资产阶级利益群体的梦，中国梦是作为社会主义事业建设者的广大劳动人民的梦。近代以来，西方的坚船利炮不仅"打开"中国国门，而且使当时的一部分中国人丧失民族自信。直到1921年中国共产党的成立才真正逐步改变了中国及其劳苦大众身处水深火热的局面，因为早期中国共产党人在救亡图存的实践中探索出了一条通过民族独立实现人民解放的道路。这里需要廓清近代以来我国"人民"范畴的历史流变：作为一个具有阶级性的政治话语，"人民"利益和人民需要集中反映特定时代的经济基础和社会主要矛盾，并决定中国共产党的政治立场。人民概念在马克思主义经典文本中指代无产阶级群体，历经马克思主义中国化时代化进程，抗日战争时期的人民概念中凝聚了一切抗日阶层和社会团体的历史合力；解放战争时期，社会主要矛盾转变为国民党反动派与中国人民的矛盾，此时人民概念主要包括全国劳动人民、全国知识分子、自由资产阶级、各民主党派、社会贤达和其他爱国分子等。社会主义革命和建设时期，根据人民对于经济文化迅速发展的需要同当前经济文化不能满足人民需要的状况之间的矛盾，党领导人民开展全面的大规模的社会主义建设，此时一切拥护社会主义建设事业的阶级或阶层均被纳入人民概念之中。随着中国式现代化事业的持续推进，人民概念不仅包括拥护社会主义制度的社会各阶层，而且包括社会主义现代化事业的建设者。无论范畴如何发生变化，中国共产党作为最高政治领导力量，始终得到最广大人民群众的支持和拥护；中国共产党作为中国特色社会主义事业的领导核心，将"党性"与"人民性"统一于实现中华民族伟大复兴的中国梦之中。

中国梦是国家和民族的梦，也是每一个中国人的梦。中国共产党肩负的中华民族伟大复兴的历史使命要求必须重视人民关切的生态环境问题。**一方面**,日常生活中的环境问题会成为"民生之患、民心之痛"。[1]马克思不仅在科学层面上分析生态问题的发生,而且从社会制度层面上剖析生态问题的本质,即资本主义制度反映并加剧着人与人之间利益分配的不平衡关系。"生态环境受到严重破坏、人们的生产生活环境恶化……人与人的和谐、人与社会的和谐是难以实现的",[2]更为严重的是,环境问题不解决则会发展为威胁社会稳定、国家安全的因素。对此,"生态环境是重大政治和社会问题"的重要论断,体现从政治高度上认识生态文明建设的重要意义。**另一方面**,新时代人民的美好生活向往中包含着对优美生态环境需要的满足。与生产力发展状态相适应,"美好生活"在不同历史时期侧重点不同,如从新中国成立初期的站起来,到改革开放时期的富起来,再到新时代的强起来。在我国社会生产力水平总体提高的情况下,"美好生活"更凸显一种精神性和社会性特质,即不仅"对物质文化生活提出了更高要求,而且在民主、法治、公平、正义、安全、环境等方面的要求日益增长"。[3]为此,中国共产党把生态文明建设摆在了全局工作的突出位置。作为世界上最大的马克思主义执政党,中国共产党只有维护好与人民群众切身相关的生态环境利益,才能够更好地实现社会和谐与政治稳定,同时政治稳定和政治发展的目标之一是解决、实现和维护人民群众的环境权益。为此,中国

---

[1]　中共中央文献研究室:《习近平关于社会主义生态文明建设论述摘编》,中央文献出版社2017年版,第11页。

[2]　习近平:《干在实处走在前列——推进浙江新发展的思考与实践》,中共中央党校出版社2013年版,第190页。

[3]　习近平:《决胜全面建成小康社会　夺取新时代中国特色社会主义伟大胜利——在中国共产党第十九次全国代表大会上的报告》,人民出版社2017年版,第11页。

梦视域下的生态文明建设及生态文明观念,旨在满足人民的优美生态环境需要。

5.1.2 经济生态化:中国式现代化是人与自然和谐共生的现代化

在批判中进行建构是马克思自然观生态意蕴的方法论要求,意味着在批判资本带来的生态问题的同时,还要肯定资本推动现代社会发展的文明作用。为了深入理解中国特色社会主义生态文明观,必须将其置于中国式现代化实践进程中来理解,即推进现代化过程中既要考虑到我国的特殊国情,又要处理好经济发展与生态保护之间的普遍关系问题。首先,中国的现代化进程开启后,就不可避免地要融入由资本主义国家开辟的全球经济发展体系之中。这能够为中国推进中华民族伟大复兴进程提供经验,发展生产力无疑是现代化的必要基础。也就是说一个现代国家若想改变积贫积弱的处境,实现民族独立和人民解放的目标,只有夯实自身的物质基础才能为目标实现奠定现实可能。中国近代历史作为国人现代化意识萌芽与发展的历史,从"中体西用"的器物救国到"西化"或"欧化"的制度救国,再到"中西互补"的文化救国思想,虽均以失败告终却在一定意义上彰显了追求现代化的意识。直到新中国成立以后,我们建立的现代化工业体系,使得在社会主义制度的前提下谋划强国蓝图变为现实。邓小平提出"我们要赶上时代,这是改革要达到的目的",[1]为中国人提升自身生活水平和生产发展擘画蓝图。如期全面建成小康社会,表明中国赶上甚至引领了时代。从"四个现代化"的目标的

---

[1] 邓小平:《邓小平文选》第 3 卷,人民出版社 1993 年版,第 242 页。

提出，到新时代"中国式现代化"概念成熟，我国发生的历史性变革、取得的历史性成就展现出现代化的中国特色。正如习近平总书记所言"中国特色社会主义，……是当代中国大踏步赶上时代、引领时代发展的康庄大道"[1]。

其次，就中国致力于实现社会主义现代化强国目标而言，人与自然的和谐共生与社会主义生态文明观的内在要求具有一致性，是完成了的"自然主义"和"人道主义"的统一，是自然生态文明和社会生态文明的统一。以资本为内在驱动的传统现代化模式，包含的社会权力关系只有凭借现实物质载体才能转化为推动社会发展的动力，由于自然资源存在产权不明晰、廉价等原因，自然资源成为各资本主体掠夺和利用的对象。随着现代化进程的推进，迫于国内社会运动的压力和资本内在增殖空间扩张的要求，资本主义国家将生态矛盾和产业链的转型升级一同转移到发展中国家。实际上，全球生态矛盾问题暴露的是以资本为中心的现代化发展模式的不可持续性，尽管资本主义国家能够通过"生态现代化"或者"绿色资本主义"方式进行自我调整，但是这些措施作为实践中的"器"并未推动上层"道"的变革，这里的"器"和"道"也可理解为"用"和"体"。改革开放以后，我国现代化水平得到极大提升，但也必须承认，现代化建设起步阶段一系列环境污染问题的产生，不仅是发展的普遍性问题，同时也受到中国工业基础薄弱的特殊国情影响。由于中国式现代化始终以"人民"为中心而非以资本为本位，因此形而上学层面的"道"与"体"自上而下地推动着我国经济发展的绿色变革。具体来

---

[1]　中共中央宣传部：《习近平新时代中国特色社会主义思想学习纲要》，学习出版社、人民出版社 2019 年版，第 25 页。

看，"中国政治的体包括国体和政体，人民民主是国体的核心，政体在理论上就是人民民主政权的组织形式"[1]。这里的"人民"概念意味着维护绝大多数人的利益，而非西方国家以绿色变革维护的少数有产者或者中产者的利益。总之，人民群众作为推动经济发展和社会进步的创造者和发展成果的享有者，其自然需要和生态环境权益应当得到保障。

再次，不能不加区别地支持一切经济生态化的做法，应该关注经济生态化背后的政治意识形态属性。"经济"在这里泛指人类为满足自身需要进行的实践活动，因此"经济生态化"指的是"人类的生产生活的理念、方式、手段等能够不断提升生态资源的利用效率、改善生态环境、使人与自然高度和谐可持续发展的经济运行过程和方式"。[2]事实上，经济生态化、社会主义生态文明观、人与自然和谐共生的现代化以及绿色发展等概念，从不同的发展路径和实现方式上说明了"人在应然层面上如何发展"。例如"经济生态化"包括的产业生态化、生态产业化、技术生态化以及消费生态化等具体内容，侧重从生产领域树立"生态文明观"，"社会主义生态文明观"包含的生态文化、生态意识以及生态理性等内容，侧重从思想观念强调人的自觉意识；"人与自然和谐共生的现代化"包含的要素及要素之间形成的整体特征，侧重从方法领域强调人的思维方式；"绿色发展"包含的发展理念和发展实践等内容，侧重从实践领域强调人的观念养成，上述概念均属于"中国式现代化"有机体的一部分。但正如前文提

---

[1] 林尚立：《中国政治建设中的"体"与"用"——对中国政治发展的一种解释》，《经济社会体制比较》2010年第6期。

[2] 殷阿娜、李从欣：《环境规制对京津冀经济生态化发展的异质性效应研究》，《当代经济管理》2020年第5期。

到过的，经济与生态领域实现的现代化进步仍然停留在普遍性层面，只有社会主义政治取向才能切中"社会主义生态文明观"的本质要求。换言之，实践中具体的环境政策或行政监管措施、生态文化等应当接受政治层面"正确性"的检验，否则就有可能受到资本主义意识形态的影响，进而在实践中沦落为资本的增殖工具。

5.1.3　生态文明化：中国式现代化蕴含的独特生态观开创了生态文明新形态

马克思以哲学上的实践转向破除了传统形而上学的认识论框架，实现从"认识世界何以可能"到"这个世界应当如何"的问题论域转变。仅从现代性文明角度理解马克思的思想会有很大的局限性，只有从超越现代性文明角度理解马克思自然观的生态意蕴，才能对理论本身具有更加准确的把握。要言之，在文明广阔的发展进程中，历史发展的客观规律被马克思清晰揭示，由此引出社会主义生态文明观的第三个视角，即世界历史或人类文明的视角。结合中国特色社会主义的现代化实践，中国式现代化蕴含的独特生态观创造了引领未来世界历史走向的生态文明新形态。德国古典哲学家黑格尔将世界历史视作自由意识与客观世界"和解"或"理想"的完美状态，这除了反映主观精神的至高无上以外什么也不能说明；马克思则紧紧抓住"资本"的概念，从资本主义内在矛盾运动规律中预判了世界历史的走向，即从资本主义社会过渡到共产主义社会。早期资本主义借助时间向度上的循环流转来实现发展，不仅持续扩大再生产，而且也在空间向度上形成了全球市场。换言之，早期世界历史是由资本在加速运转的时间和扩张了的空间市场中推动形成的，正如"创造世界市场的趋势已经直接包含在资本的概念本身中"。[1]正因如此，世界历史自出现以来就占着支配地位，包括中华民族在内的世界上各个民族，正是在"地球和人类的欧洲化"（海德格尔语）本质规定中开启了地域史转向世界历史的进程。资本文明在为发展中国家走向现代化创造先决条件的同时，资本自身的内在否定性也成为落后的力量，生态领域内表现为发达国家的蓝天碧水与发展中国家的雾霾污水相对峙。[2]今天以美国为首的资本主义国家，在零和博弈和强权政治固有思维模式下发起的贸易保护主义、单边主义等逆全球化举措，实则反映出资本主义国家自身发展模式的"内部调整"。

中国式现代化超越资本主义现代化的一个方面在于，中国式现代化不会像资本主义现代化那样，由于超过生态阈值而限制自身发展，反而会为广大发展中国家提供一种新文明类型或者说贡献一种具有世界历史意义的生态治理方案。可以结合"人"的本质来进一步理解其中的意义。在资本主义开启的现代文明发展初期，从自然权利和神权压制中觉醒的个体人文精神是驱动社会进步的深层动力，因此如何使人过上更好的生活成为启蒙哲学家致力实现的永恒目标；然而随着作为现实力量的资本主义物质生产的扩大，社会进步逐渐背离"人"的发展初衷：即从自然统治下解放的主体却重新控制和奴役自然，自然成为个人实现利己主义、享乐主义的工具，进一步使个人特殊和短期利益遮蔽了人的类本质和长远利益的实现，背离了早期启蒙家关于未来社会的设想。这也是当代西方社会呼吁"第二次启蒙"或者"生态启蒙"

---

[1]《马克思恩格斯文集》第 8 卷，人民出版社 2009 年版，第 88 页。

[2] 鲁品越：《构建人类命运共同体：解决当代国际基本矛盾的中国方案》，《学术界》2019 年第 6 期。

的原因所在，因为相比于原始社会，当今人的生存条件的"再度丧失"，要求重新思考"何为人"的议题。与此相反，中国式现代化在制度优势、治理效能、经济社会发展成果共享等方面，丰富了人类新文明类型的生态内涵。20 世纪末，弗朗西斯·福山等学者不仅声称资本主义阶段是历史发展的最高阶段，而且断言曾被马克思主义学者们预言的共产主义社会将被陈列在"博物馆"。当前中国式现代化不仅以实践成就续写着科学社会主义运动的生机活力，也以对传统现代化模式的破除开创出新的"现代人类文明"，并构建了一种和谐的人与自然的关系、人与人的关系。

中国走出的现代化之路绝不是西方现代化之路的再版。西方现代化在外通过生态殖民主义手段掠夺落后地区的自然资源，在内通过制造贫富差距的方式维护"少数人"享有的优美环境权益；而中国面对不同历史发展阶段的主要任务，始终立足人的价值立场来解决现代化实践中出现的生态环境问题。2020 年新冠肺炎疫情的发生，启示我们，人类生产和生活实践应当以尊重自然规律为前提。在各国应当联合起来共同应对环境挑战的背景下，后疫情时代世界经济的"绿色复苏"尤其需要中国生态治理的经验。下面用数据说明中国为人类可持续发展作出的贡献：根据美国航天局 2019 年公布的卫星图片显示，在全球从 2000 年到 2017 年新增的绿化面积中，中国以四分之一的贡献比例居世界首位；还有统计数据显示，截至 2019 年末，中国非化石能源占一次能源消费比重达到 15.3%；可再生能源装机量占全球的 30%，在全球增量中占比 44%，新能源汽车保有量占全球一半以上。[1]此外，在中

---

[1]《中国"十四五"规划对发展中国家具有重要借鉴意义——访印度尼赫鲁大学教授狄伯杰》，《光明日报》2020 年 11 月 1 日，https://epaper.gmw.cn/gmrb/html/2020-11/01/nw.D110000gmrb_20201101_2-03.htm。

央经济工作会议、世界经济论坛"达沃斯议程"对话会以及第 9 次中央财经委员会等多个会议上，我国做出力争于 2030 年前实现碳达峰、2060 年前实现碳中和的承诺。双碳目标显示了中国为应对全球气候变化而主动进行的自我加压：二氧化碳峰值作为衡量一国经济发展和技术进步的标尺，一般出现在某一国家工业化进程的后期。中国工业化和城镇化的速度很快，因此作为最大发展中国家的国情和发展不平衡不充分的现实意味着中国要实现双碳目标实属不易。虽然可以对中国的未来发展持有乐观主义的想象，但不能高估中国现实的发展情况。事实上，实现双碳目标并非易事，涉及能源体系结构、重点领域减污降碳、绿色技术突破、绿色低碳政策和市场体系、绿色低碳生活等全方位各领域的综合性改革，在短时间内实现需要付出艰苦卓绝的努力。从中国的能源结构来看，煤炭仍然在能源消费结构中占据较大份额，只有彻底变革能源体系和社会经济生产方式，才能从源头减少二氧化碳排放量。这意味着中国要以几十年时间来完成发达国家历经几百年完成的任务，但我们也坚信，中国一定能在既定时间中完成庄严承诺，不仅我国国家制度和国家治理体系具有显著优势，而且国家生态治理现代化的制度效能可为其他发展中国家提供经验。作为异质于资本主义文明的一种新文明类型，中国式现代化蕴含的独特生态观彰显的世界历史意义在于：中国共产党领导的社会主义现代化是以实现人与自然和谐共生为价值目标展开的现实实践。

5.2 以人民的优美生态环境需要为立场

社会主义生态文明观坚持"以人民为中心"的价值立场。变化后的社会主要矛盾凸显了这一价值立场的具体内涵，即以"人民日益增长的美好生活需要"为中心。换言之，只有充分理解新时代新阶段人民的优美生态环境需要这一内涵，才能用生态文明建设新成果回应人民的期待。以马克思唯物史观分析，由于主体需要具有层级性和序列性特征，新的需要必定以新生产力为条件并产生于旧的需要得到满足之后，因此在生产力发展的不同时期，主体对于作为事实存在的同一客观对象也会有不同的价值诉求。作为"外源的现代化"国家，[1]中国要实现的现代化任务具有传统、现代和后现代的三种特征，这种复杂的社会经济结构在人民需要层面上体现为，生态环境这一客观实存要能够承担起满足物质需要、精神需要和审美需要的多重功能。只有将生态问题视为与人民切身利益相关的需要，社会主义生态文明观才能在实践中具有更加鲜活的生命力和坚实基础。

5.2.1　人民是具有生态环境需要的本源性主体

党的十九大报告指出，我国社会主要矛盾转变为："人民日益增长的美好生活需要和不平衡不充分的发展之间的矛盾"。[2]实际上，自人类社会形成以来，任何需要都是作为"主体"的人的需要，无论是中华传统文化中对于"民"的关怀，还是西方哲学史的重点从本体论、认识论发展为实践论，尤其是 20 世纪 20

---

[1] "外源的现代化国家"，见罗荣渠：《现代化新论——世界与中国的现代化进程》，商务印书馆 2004 年版，第 132 页。其中，生产力以及文化等因素由外部移植而来，工业资本上受到外来支配，经济生活缺乏自主性，政治权力对国家发挥着调控作用。

[2] 习近平：《决胜全面建成小康社会　夺取新时代中国特色社会主义伟大胜利——在中国共产党第十九次全国代表大会上的报告》，人民出版社 2017 年版，第 11 页。

年代作为独立学科的价值哲学的出现，都加强了对作为主体的人的关怀。社会主义生态文明观作为系统化的世界观，蕴含的人民性立场表明其可以作为一种价值哲学而存在。同时，真正的时代哲学也绝不仅仅停留于应当，只有将应然状态的价值关怀与改变现实的运动相结合，社会主义生态文明观才适合称为时代哲学。这需要人民始终作为党领导下的实现人与自然和谐共生现代化过程中的坚固堡垒力量，党领导的事业必须紧紧依靠人民实现，必须不断为人民造福。[1]

首先，"人民"是美好生活的主体，在历史唯物主义语境中其被表述为"现实的人"。正是这种本质性规定，确证了社会集体中人的生存与发展意志是历史的绝对命令与价值规律。"现实的人"的旧需要的满足与新需要的产生，以及为满足新需要而实现的生产力进步，构成社会发展的"源动力"。一方面，追寻美好生活是古往今来的哲学家着力探讨的课题。如古希腊的亚里士多德认为人天生追求善，城邦共同体不仅是人的本性与社会发展的结果，也是个体追寻"至善"这一美好生活目标的栖身地。中世纪的"美好生活"具有浓郁的宗教神学色彩，神学家奥古斯汀认为，只有信奉上帝并进行道德忏悔，个人才能从"世俗之城"走向"上帝之城"。启蒙运动后，个人理性的发展对宗教神学的崇高地位进行祛魅，如康德认为实践理性是人欲求美好生活的能力，但也产生了美好生活所制造的自由王国与现实王国之间的鸿沟；黑格尔以"绝对理性"的精神劳作弥合了上述鸿沟，将个人视作绝对精神的异化存在形式，但此种语境中人的美好生活沦为了乌托邦幻想。另一方面，"现实的人"之所以能够赋予"美好生

---

[1]　习近平：《习近平谈治国理政》第 1 卷，外文出版社 2014 年版，第 40 页。

活"目标现实性,关键在于"人的本质即人的需要"具有物质性。在新时代语境中,人民不仅发挥出创造美好生活的主体力量,而且人民的生产实践活动成为新的历史发展的起点。历史作为有意识的人的活动,在于"人们为了能够'创造历史',必须能够生活。但是为了生活,首先就需要吃喝住穿以及其他一些东西。因此第一个历史活动就是生产满足这些需要的资料,即生产物质生活本身"。[1]

其次,人民的优美生态环境需要具有阶段性和进步性特征。习近平总书记对美好生活需要作出的"多维度阐释"符合时代变化、顺应人民期待,是马克思自然观价值立场在当代中国的发展。**从历史维度来看**,人民的优美生态环境需要呈现为动态发展的过程,在此意义上,人的生态环境需要的满足具有相对意义:即一种需要相对于前一历史阶段是新的需要,而相对于未来历史阶段又成为低层次的需要。这种相对意义给予我们的启示在于,应当防范对优美生态环境的需要蜕变为"欲望",欲望会加速消耗生态环境资源,并反噬人民的正常需要。尽管需要和欲望都体现出人对自然对象的渴求,但因为需要适应于特定历史时期的生产力发展水平,具有客观实在性;而欲望体现的是个人主观意愿突破客观物质条件进行的无限扩张,主观性特征会导致永远无法得到满足的情况。也就是说,当前阶段人民寻求优美生态环境需要的满足是相对性和历史性的满足,而非绝对性和永恒性的满足。**从全面性维度来看**,优美生态环境需要内嵌于人民的整体需要结构中,进而呈现出不同的形式。主体作为自然—社会—精神"三位一体"的存在,具有的生存需要、发展需要和享受需要对生

---

[1]《马克思恩格斯文集》第 1 卷,人民出版社 2009 年版,第 531 页。

态环境提出了不同的要求。尽管生存需要、发展需要和享受需要的出现在时间上具有明显的序列性，但并不意味着新需要的继起就实现了对旧需要的完全替代。相反，新旧需要在同一个历史阶段可以并存，只是占据的地位有所差异。自人类出现以后，历史就是人类与自然斗争的历史，自然环境状况直接影响着人类的存续，这一状况在当下体现为生态环境在多大程度上能够提供生态安全屏障。一旦失去了生态安全屏障，人民基本的生命健康将无法得到保障。当历史进步的生命律动呼吁人们开始关注自身之外的社会关系时，生态环境从生存问题发展为公平正义问题。人民在生命安全的客观环境得到保障后，转而在心理层面也会提出相应的要求，即要求生态环境从保障人民的生存转变为对优美生态环境资源的公平分配。优美生态环境作为良好的公共产品和民生福祉，应当确保多数人充分享有环境资源的利用权、环境状况知情权（又称信息权）、环境事务参与权以及环境侵害请求权四个层面的权利。[1]最后，**生态环境在类主体本质实现阶段表现为能够满足人民自由发展的需要**。当社会历史的持续进步趋向于人本身时，人将对外在的生态环境的思考纳入自我生命意识活动的发展历程中，这种转向意味着人的现代化的真正实现，这不仅体现出精神文化的富足，也意味着社会主义现代化强国目标的真正实现。党的十九届五中全会明确提出到2035年"建成社会主义文化强国"的目标，与之相呼应的生态环境应当"满足人民过上美好生活的新期待，必须提供丰富的精神食粮"。[2]

---

[1] 杜仕菊：《欧洲人权的理论与实践》，浙江人民出版社2009年版，第167页。

[2] 习近平：《决胜全面建成小康社会　夺取新时代中国特色社会主义伟大胜利——在中国共产党第十九次全国代表大会上的报告》，人民出版社2017年版，第43—44页。

5.2.2　生存维度：生存权利的实现与生态安全

生态环境在整个人类社会生存中具有基础性作用。生态安全又称环境安全，具体含义为人类在生产、生活和健康方面不受生态破坏与环境污染等影响的保障程度，具体评判标准由饮用水、空气质量、食品安全等绿色环境要素构成。[1]不少学者还将生态安全与政治观或者人权观相联系，我们在这里仅从安全观这一基础视角展开论述。生态安全的普遍性在于该问题是不同民族和人种、不同制度的国家的公民、不同地域的居民等共同关注议题，只不过不同历史时期人们对生态环境状况的关注程度不同。一般说来，20 世纪 60—80 年代，有学者以文学的方式表达了正在以及可能恶化的生态环境对于人类生存的威胁。蕾切尔·卡逊在《寂静的春天》开篇就以感性认识和文学方式描绘了与人们常见的截然不同的春天景象：奇怪的阴影遮盖整个地区，奇怪的寂静笼罩整个地区，这是一个没有声息的春天。到了 80 年代后期相继出现的"可持续发展理论""生态现代化"或"绿色现代化"等理论都认识到解决生态环境问题是人类社会可持续生存的基础，进而将构建生态安全作为共同的理论前提和价值诉求。

生态问题关联于社会整体性的结构系统，其表现出的资源匮乏、食品安全问题、雾霾污染以及土地资源整体紧张等多方面的问题直接影响着人民的日常生活。此外，生态问题绝非仅仅涉及自然本身、物理或者科技方面的问题，它已上升为**重大安全问题**。诺曼·迈尔斯谈到安全要素构成的变化时称："安全的保障

---

[1]　方世南：《从生态政治视角把握生态安全的政治意蕴》，《南京社会科学》2012年第 3 期。

不再局限于军队、坦克、炸弹和导弹之类这些传统的军事力量，而是愈来愈多地包括作为我们物质生活基础的环境资源。这些资源包括土壤、水源、森林、气候，以及构成一个国家的环境基础的所有主要成分。"[1]即是说，除却军事性的要素等传统政治要素外，生态、文化、人的生存领域等一些非军事性的要素也被上升至政治高度，可称之为非传统安全要素。换言之，生态安全由于在根本上关联于人民安全，而成为"总体国家安全观"中的一个重要维度。事实上，中国共产党的执政只有以高度的政治自觉和自觉的政治担当来正确认识和解决生态问题，才能使人民群众最基本的生存权利和生命安全得到更加切实的保障。

5.2.3 发展维度：环境权益追求与生态正义

生态环境关涉整个人类社会发展进程中的正义问题。生态正义问题的深刻之处在于，认为人与人的关系、而非人与自然的关系才是导致生态问题发生的根本原因，以上论述同样提示着要把生态问题置入社会领域进行分析。生态正义问题由于考量的是人与人之间的权利分配问题，因而处于比生态安全问题更高的位阶之上。马克思一生致力于作为弱势群体的无产阶级的自由与解放，他在关注到工人生存环境恶劣的同时，进一步看到恶劣的生态环境对于人的自由全面发展产生的决定性影响。尽管不能将马克思追求的人类解放事业直接等同于为无产阶级赢得公平的环境权益，但获取公平的环境权益铺就着通往人类自由而全面的发展之路。如果主体仅仅追求生存层面的生态安全，在某种

---

[1] ［美］诺曼·迈尔斯：《最终的安全——政治稳定的环境基础》，王正平、金辉译，上海译文出版社 2001 年版，第 19 页。

程度上则与动物无异。就此而言，应当凸显生态正义在人的发展诉求中的重要意义，确保人民环境权益的实现则是生态正义在社会中的具体表现。

环境权益考量的是生态利益所受到的法律保护问题。国际上，环境权益作为第三代人权，出现的时间相对晚于经济、政治、文化等权利。1972 年"人类环境会议"通过的《联合国人类环境会议宣言》阐述了人与人以及人与国家之间的环境权益，人与人之间的环境权益是"人类有在良好的环境里享受自由、平等和适当生活条件的基本权利"，人与国家之间的环境权益是"负有责任去保证在他们管辖或控制范围内的活动不会对其他国家或不在其管辖范围内区域的环境造成侵害"。国内层面，习近平同志在浙江工作时便十分重视保护人民（尤其是弱势群体）的生态环境权益，多次强调"让低收入者享受到更多的环境权益"。[1]中国共产党始终从维护人民根本利益出发，并从政治层面认识生态权益关涉的民生问题：一方面对各级领导干部提出要求，将实现好、维护好和发展好人民群众的环境权益列入重大政治责任清单。另一方面，在保障人民享受优美生态环境权益的同时促进政治发展。环境问题未能解决则会进入政治领域，影响政治秩序的稳定，更甚者会引发政治风险，因此只有将人民生态权益贯穿于政治建设和发展的全过程，才能"让良好生态环境成为人民生活的增长点、成为经济社会持续健康发展的支撑点、成为展现我国良好形象的发力点"。[2]总而言之，中国共产党领导下的社会主义生态文明建设

---

　　[1]　习近平：《干在实处走在前列——推进浙江新发展的思考与实践》，中共中央党校出版社 2013 年版，第 195 页。

　　[2]　习近平：《习近平谈治国理政》第 2 卷，外文出版社 2017 年版，第 395 页。

的目标不仅确保了人民生存权利的实现，还关注人民发展维度上公平正义感的获得。保障人与人之间、地域之间、民族之间等公平享有的环境权益，有助于满足人民被尊重的心理期许，更有助于稳固人与自然、人与人"美美与共"的政治秩序。

5.2.4　类本质维度：生态道德养成与自由全面发展

生态环境包含的"美的规律"满足主体自由而全面的发展的需要。无产阶级作为受资产阶级剥削和压迫的群体，恶劣的居住状况和生产环境条件使其丧失了"类本质"维度。无产阶级作为"现实的人"，不仅是具有生命存在的感性的个体，而且作为"类存在"具有的"类特性"能使主体超越自然的生命活动，类特性就是自由有意识的活动。此维度内在地要求主体在面对"实践活动"时需要具备生产和生命两种意识。尤其是生命意识作为人异质于动物的特征，是人在"生态环境"中通过人的方式彰显的自我本质，是人按照"美的规律"而非"必然规律"把握"生态环境"，即"动物只是按照它所属的那个种的尺度和需要来构造，而人却懂得按照任何一个种的尺度来进行生产，并且懂得处处都把固有的尺度运用于对象；因此，人也按照美的规律来构造"。[1]从自然作为人类历史发生的前提条件来看，人与动物皆受到自然规律的支配；从自然作为人类生命存在意义的维度来看，人通过生产实践统一了生产活动和生活活动，自然彰显出对于人的价值地位。人作为"超生命的生命"，[2]生态环境要素在两个层面上

---

［1］《马克思恩格斯文集》第 1 卷，人民出版社 2009 年版，第 163 页。

［2］ 高清海：《论人的"本性"——解脱"抽象人性论"走向"具体人性观"》，《社会科学战线》2002 年第 5 期。

构成人的生命意义：不仅体现了人对自然的关系或人对人的关系的需要，而且体现了人实现自我发展的需要。当前中国正在"大力提升发展质量和效益，更好满足人民在经济、政治、文化、社会、生态等方面日益增长的需要，更好推动人的全面发展、社会全面进步"。[1]

人追求自由而全面的发展的目标的实现需要生态道德的养成和实践。消除人与自然的异化关系、人与人的异化关系能使生态环境真正受到热爱、欣赏和保护。人类"第二次提升"的实现要求每个人要承担社会历史主体的责任，包括对自然的责任。如果说以法治培育的人的内在生态道德仍具有"价值自发"或"集体无意识"的特征，那么人民群众自觉养成的内在道德则具有"价值自觉"的特征，该特征反映了"现代化的本质是人的现代化"这一深刻命题。现代文明的缺憾已然暴露，社会进步的内涵不应当被窄化为片面追求物质进步，人的自由而全面的发展目标能矫正现代化发展对正确轨道的偏离。社会主义生态文明观的本质是通过生态文明建设的已有成果，让人们切实感受到生态环境向好的变化，在自觉生态意识的培育下，践行绿色的生产方式和生活方式。也要看到，生态环保面临的严峻现实对培育个人生态意识提出迫切要求。党的十九届五中全会审议通过的《中共中央关于制定国民经济和社会发展第十四个五年规划和二○三五年远景目标的建议》指出，"十三五"时期是迄今为止我国生态环境质量改善成效最大、生态环境保护事业发展最好的五年，但

---

　　[1]　习近平：《决胜全面建成小康社会　夺取新时代中国特色社会主义伟大胜利——在中国共产党第十九次全国代表大会上的报告》，人民出版社 2017 年版，第 11—12 页。

"十四五"时期我国生态环境保护面临着来自国内国际不确定因素、产业能源结构调整放缓、资源约束加剧以及保护发展关系紧张的局面的压力。在此背景下，不仅要用"最严格制度最严密法治保护生态环境"，而且要推进人的思维方式、价值观念、生活方式以及行为方式，实现从传统到现代的转变，这是对 2035 年"生态环境根本好转，美丽中国建设目标基本实现"发展目标的最好诠释。还自然以宁静、和谐、美丽的状态，才能让"中华大地天更蓝、山更绿、水更清、环境更优美"。[1]

5.3　人民优美生态环境需要面临的现实压力

"以人民为中心"的价值立场本质上关注"现实的人"的存在样态，从时空坐标上发展了马克思关于"人的类本质实现"这个核心命题的思考。从大的时代方位来看，当今世界仍处于马克思恩格斯指明的时代，即从农业文明向工业文明、从特权和等级逻辑为主导向资本和权力为主导、从自然经济向市场经济过渡的时代。一句话，当今时代是建立在对物的依赖基础上的凸显人的独立性的时代，人民优美生态环境的需要某种程度上仍然面临"以物为本"价值逻辑带来的理论和实践的压力。

5.3.1　以物为本：错位价值逻辑的生态后果

"以人为本"作为新时代人民优美生态环境需要满足的逻辑预设和实践标准，实现了对"以物为本"价值逻辑的内在性超

---

[1]　习近平：《习近平谈治国理政》第 2 卷，外文出版社 2017 年版，第 395 页。

越。可以借助康德历史哲学中"人是目的"的命题帮助我们加深理解：在他看来，历史具有不断进步的禀赋，凸显着"大自然的意图"，由于人是具有自然理性的存在，历史不会重回"人与人之间"的战争状态。在价值判断层面，康德设定的有理性的人不仅是自然的目的，而且是唯一能够规定自己的目的。也要看到，"人是目的"在开启现代性的同时，也随着现代性的纵深推进被"物性化"所遮蔽，并沦为服务于资本增殖的手段。当"以物为本"而非"以人为本"成为社会通行的价值准则时，资本对于生态环境的掠夺不仅会引发生态恶果，甚至还以意识形态幻觉对其进行遮蔽。

"以物为本"的物指的是资本之物，而非种属层面的动物。在以上两种"物"的概念界定中，人不是一种主体性的存在，相反以一种"非人"的方式存在，但是这种"非人"也存在着位阶的高低，即资本支配和统治下的人以进化的人为基础，而种属层面的人处于原始阶段。退一步讲，局限于所属层面探讨人的"非人"存在方式，及人与自然的关系，仅仅确证了人作为"动物"这一自然性存在的客观事实，即人类"仅仅利用外部自然界，简单地通过自身的存在在自然界中引起变化"。[1]再者，人的动物性特征作为存在于自然史或人类社会中的客观事实，过多强调"以物为本"的命题削弱了人作为主体的能动性，进而使该命题在历史发展进程中不可能上升为"以人为本"的命题。就此而言，本节探讨的"物"并非指动物，而特指"资本"之物。

我们通过廓清资本的概念和本质说明缘何将"物"的概念锁定在"资本"上。从起源上看，资本以"物的形态"代表了社会交

---

[1]《马克思恩格斯文集》第 9 卷，人民出版社 2009 年版，第 559 页。

换和交往关系，既具有一般等价物的价值尺度功能，又具有自身不断增殖的特殊内涵。作为固定的价值尺度，资本是人类感性实践活动不断发展的结果，其具有的"主体性资本"特征被包含在资本的"增殖"属性中。历史发展到孕育资本的现代社会阶段，人在摆脱传统社会中的自然羁绊的同时，主体意识的觉醒使人成为现代人，因此，形而上层面的主体意识的觉醒与形而下层面的世俗资本相联结，为人类改造自然提供了现实可能。在前资本主义社会中，人类应用自然力主要局限于农业范围，人类与自然的关系更多地体现为顺应、服从的关系，这是有限度的。自资本主义生产方式形成以后，人类对自然力的利用渗透到所有的生产部门，此时人与自然的关系也转变为大规模的征服和利用关系。"资本主义生产方式表现为大量生产、大量消费、快速流通，借助于大功率机器，生产和生活过程中的各种残渣余料也得到重复利用"，[1]其中人类借助资本的力量改造自然，建立在人已经从自然界中"脱落"的前提条件之上。

为何资本从最初的人类实现自身目的的工具和手段，后来成为主导人掠夺自然的权力法则，又将人类主体从目的降格为手段，从而加剧着生态危机呢？这主要分为两个阶段：第一个阶段，资本"物化"人与自然之间的关系。马克思曾经肯定"物的联系"比单个的人即人与人之间没有联系要好，这是由资本作为货币的一般属性决定的。一般等价物产生的历史再现了在人类交往过程中价值形式从偶然发展到固定的过程，货币代表了价值尺度的"符号形式"，能够通兑一切商品的价值。现代社会中，自

---

[1] 孙要良：《历史唯物主义视野中的资本逻辑与自然力——基于马克思〈1861—1863 年经济学手稿〉》，《北京大学学报（哲学社会科学版）》2019 年第 5 期。

然具有的满足人类多层次和多维度的立体需要的功能,如物质需要、精神需要和审美需要等,被窄化为单一维度的"获利"的需要;与此相应,人与人之间复杂的社会关系也单一化为物与物之间的联系。第二,在"物化"的基础上,资本的增殖逻辑对劳动者进行了"去主体化"。马克思虽然在《资本论》中使用过"资本主体"的概念,但他始终是在资本自身保存过程(资本增殖)[1]层面上使用这个概念,马克思承认的具有能动意识的主体仅是劳动实践活动中的"现实的人"。资本将个人主体作为一种工具和手段,卷入资本增殖过程中,实现了资本自身的目的。至此,体现人的本质的"劳动价值论"成为"价值增殖规律","人与自然之间物质变换"的劳动成为异化劳动,资本不断掠夺人和自然界来实现增殖目的。

由于世界历史仍然隶属于马克思指明的时代,人依然处于对物的依赖阶段,因此资本仍然是实现人的自由而全面的发展的最大障碍。换言之,实践中"以物为本"的价值取向不符合人民日益增长的优美生态环境需要。

5.3.2　经济主义发展观:资本逻辑控制下的生产方式

"以物为本"颠倒了"以人为本"的价值立场,并渗透到经济生产领域之中。本节中我们探讨满足人民优美生态环境需要面临的现实压力,尽管这一问题在实践之中具有感性杂多的特征,但是并不意味着不能在哲学层面抽象为理论问题。例如,从人民自身意识层面、利益主体多元化层面、客观生态文明制度建设层

---

[1]　郗戈:《资本逻辑与主体生成:〈资本论〉哲学主题再研究》,《北京大学学报(哲学社会科学版)》2019 年第 4 期。

面、社会整体文化氛围层面等进行分析，会发现压力产生的原因具有总体性特征。这里采用马克思的历史唯物主义分析方法，将上述复杂的因素简化如下：资本逻辑影响的生产方式和生活方式。能得出上述结论的原因在于，物质生产实践活动作为一切社会形态或历史发展阶段的起点，彰显着人们表现自身的目的及生活方式。质言之，"现实的个人"不仅在物质生活的生产方式中确证了创造生活的现实性，还在现实的生活方式中实现了自身的生命价值。[1]

　　经济增长和技术创新是所有国家发展的前提条件。**首先**，文明层面上，资本对生产力的发展具有推动作用。从资本出现的历史时期来看，其的确推动了人类社会发生方位的变化，如人与自然之间的物质交换形式、人与人之间的社会交往关系相较于此前的传统社会均有了较大发展。可以说资本是传统社会转变为现代社会的必要因素。以上分析符合马克思的唯物史观：资本本质上是积聚起来的劳动，具有自然物质和社会关系的双重特征，因此资本的文明作用是指在自然物质性层面上资本具有的推动社会生产力系统发展的作用。**其次**，自然物质层面上，资本具有开发和利用自然资源的能力。劳动作为人为了满足自身生存需要而进行的活动，人与自然之间的生产实践的进行需要借助特定"共同体"的组织形式：一方面是因为个人在特定空间内力量有限，另一方面是因为每一代人的物质生产实践建立在前一代"社会生产力"积累的基础上。这种隶属于一定共同体的个人（即社会人）的劳动正是唯物史观"生产力"的具体表现形式，即社会

---

　　[1]　康渝生、胡寅寅：《从"能够生活"到"美好生活"——唯物史观价值诉求的理论嬗变》，《理论探讨》2020年第3期。

总体具有的改造自然以创造物质财富的能力[1]。**最后**，资本的生产功能促进自然科学的进步，扩大了人对自然的认识范围和利用范围。科学技术作为人类开发和利用自然的工具，离不开培根的"新工具论"奠定的理论基础。长期以来，科学技术是对自然规律和自然秩序的认识与归纳的结果，这从"自然性"到"自然法"再到"自然科学"的概念流变中能够看出。必须看到"科学技术"的发展在一定程度上以牺牲自然资源为代价。如不考虑这一后果，资本确实具有推动生产发展和科技创新的功能。

　　要进一步探究资本推动下的物质生产实践为何成为阻碍人民实现优美生态环境的需要的因素，并渐渐背离资本最初具有的满足人们需要活动的目的。这是因为资本主义社会制度使得资本运行中产生的利益分化结果获得了合法性。资本不仅是发展生产力的积极要素，而且是一种社会关系，即社会生产系统中人与人的关系。这里我们从普遍维度或者说生产力这一客观维度上讨论资本的积极意义，这并不意味着后发现代化国家能够避免资本的消极影响，即只要确立社会主义制度就能根除由资本导致的"生态贫困"问题。必须结合时代语境历史性分析生态问题。回顾中国经济发展的历史，改革开放四十余年来我国取得的成就和产生的问题是一个过程的不同方面，即完成时代赋予的任务的同时，在一定范围内一定程度上出现了生态环境问题。需要澄清的是，国家倡导大力发展生产力并不等于践行西方"经济主义发展观"的原则，尽管产生的环境污染一定程度上与奉行经济主义发展观的后果具有相似性，但是"经济主义发展观"强调的是资

---

　　[1]　鲁品越：《〈资本论〉的生产力与生产关系概念的再发现》，《上海财经大学学报》2018 年第 4 期。

本逻辑的主导作用。**首先**，就生态后果的相似程度来看，环境污染问题产生于大力发展经济的过程中。在改革开放初期，我们利用境外资本和技术来发展生产力。在中国已经初步建立起完整的工业体系的情况下，为了改变秩序有余而活力不足的局面，进行以"市场化"为取向的经济体制改革成为历史必然，其中如何认识"资本"成为改革成功的关键一步。1993年，党的十四届三中全会对社会主义市场经济体制改革各项任务的规定，进一步释放出资本推动生产发展的活力。同时也不能忽视追求利益最大化的资本带来的逆生态后果，资本将人们立体化的需求简化为单纯的对经济增长的需要，因而造成了环境污染的后果。需要指出的是，以个人主义和自然资源无限性为前提的经济主义发展理论，因其根植于西方近代主客二分的哲学传统进而体现出功利主义的价值观。**其次**，环境污染的出现具有历史阶段性。任何一个国家处于传统社会向现代社会转换的关口，必然通过发展经济走上现代化道路，中国也如此。事实上，改革开放初期，中国同时面临来自传统、现代化以及后现代化方面的压力，让人民富起来作为复杂局面中的主要任务，决定了中国的经济发展不仅应当紧紧围绕这个中心，而且需要满足人民现实的生存需要；其中满足生存需要决定了发展生产力任务的紧迫性，进而衍生出环境污染问题。为了抓住国际产业结构格局调整的机遇期，该时期国内粗放的生产方式等多重因素带来了环境污染问题，这深层次上阻碍了人们优美生态环境需要的实现。

5.3.3 物质主义生存观：资本逻辑控制下的生活方式

"人们是什么样的，这同他们的生产是一致的——既和他们生产什么一致，又和他们怎样生产一致。因而，个人是什么样的，这取决于他们进行生产的物质条件。"[1]马克思的这句话道出了唯物史观的精髓，即人们的生活方式归根结底要到生产方式中寻找。除了生产力发展水平低下引发的环境问题，主观层面上的价值观及其影响下的生活方式也对环境产生影响，这一结果与人民群众的环境需要之间形成良性或恶性的"循环"。"物质主义"价值观产生于西方工业文明发展的特定历史时期，由于将个人幸福视作对物质财富的占有与消费，因此该价值观遮蔽了精神享受层面的优美生态环境需要，现实中的浪费和污染等环境问题影响了人民基本生态安全需要的满足。

目前学界并未明确给出有关"物质主义生存观"的定义，内涵较为明确的是英格尔哈特在《寂静的革命：西方公众变化中的价值观和政治方式》一书中提出的"后物质主义价值观"，即在繁荣的环境下，人们更关心诸如归宿感、尊重、审美和智识等具有"后物质主义"特征的目标，[2]这反映了人们的一些需求难以直接从商品或其他物质中获得。当然，我们要把具有多层次和立体需要的人作为考察的起点。现实中存在着在资本主义"感官消费"的刺激下，作为彰显主体本质的对象性感觉异化为一种个人在占有物中体验到的"快乐型积极情绪"，这种情绪遵循"快乐水车"的原则，即来得快去得快，因此不仅无法使主体展现自由而全面的发展的本质力量，而且使主体在占有的欲望之下不停进行消费。[3]部分民众将物质主义价值观视为自身的生存法则，人

---

[1]《马克思恩格斯文集》第 1 卷，人民出版社 2009 年版，第 111 页。

[2]［英］罗纳德·F. 英格尔哈特：《西欧民众价值观的转变（1970—2006）》，严挺译，《国外理论动态》2015 年第 7 期。

[3] 陈瑞丰：《马克思主义双重感觉理论及其现实意义》，《毛泽东邓小平理论研究》2020 年第 7 期。

们日常生活中便出现了消费主义的生活方式。"物质主义价值观"或者"消费主义"势必造成生态问题：**从理论层面分析**，作为资本主义生产方式的伴生物，上述价值观的背后同样是主客二分机械论的世界观和自然观，这种现代性价值体系意味着"自然"只能在工具意义上为人所任意使用或滥用。同时，工业革命以来历史发展的单线式特征影响了人们的幸福观，将人们的幸福观简化为追求单一的经济增长，进而漠视社会发展与环境牺牲的代价。上述哲学观念或价值体系为日后环境污染的发生提供了形而上学的支撑。**从现实层面分析**，"物质主义价值观"或"消费主义"实际上构成了资本主义生产方式链条中的一环，从商品的生产—流通—交换—消费全流程来看，商品只有被卖出才能满足资本增殖的目的。"因为在资本主义生产方式下动因不是使用价值，而是致富本身，也就是说，不是单纯形成剩余价值，而是形成规模不断扩大的剩余价值，所以资本主义生产……是同时作为积累过程的生产过程。"[1]也就是说，只有缩短商品的使用年限，才能加快新一轮的商品流通，并完成资本的再循环。显然，物质主义的幸福观带来了人自身与生态环境两方面的危机。

　　以上分析并不是说中国的生态问题就是由物质主义生存观导致的。但在全球交往程度日益加深的背景下，作为西方舶来品的种种价值观念势必也会进入中国。纵观整个世界却发现现实中存在如下悖论：资本主义生产方式发育到成熟阶段衍生出的价值观念体系，并未在本国范围造成大的环境污染，这种比较是相对于同期中国的环境状况而言。但若有人从这个悖论中推导出资本主义制度优于社会主义制度的结论，并认为资本主义国家比

---

[1]《马克思恩格斯全集》第 50 卷，人民出版社 1985 年版，第 47 页。

社会主义国家更能承担起实现优美生态环境的目标，则是完全错误的。这是一种理论的"外在反思"，即不仅将一种抽象的原则普遍和先验地强加给任何实体性内容，而且忽视了现实本身具有的社会历史性特征，因为资本主义制度从不具有长期和永恒的持存性。事实上，中国的社会主义制度作为一种先进的生产制度，是建立在生产力状况不如西方发达的基础上的，尽管一种先进的生产制度可以被先行建立，但是发展生产力这一客观的自然历史过程不可被超越，这决定了处于社会主义初级阶段的中国仍要发展商品经济。另外，与西方国家先进行文化启蒙、再进行工业革命的顺序不同，中国的现代化进程中生产力发展与思想进步之所以大致同步进行，是因为社会物质生产需要以人们的欲望和思想释放的巨大能量为支撑。当处于西方文化观念强势涌入的处境中，人们的生存观念在一定程度上会超出经济发展水平，观念的"结构性错位"在现实中表现为浪费资源和破坏生态环境。

总而言之，撇开具体社会形态的差异，资本逻辑对于生产领域和生活领域的僭越不仅催生了生态环境问题，而且使"现实的人"的对象性感觉被窄化为单一的物质需要，进而深层次阻滞着人的需要向更高一级的、对于优美生态环境的精神需要和审美需要的迈进。虽然生态问题在任何国家中都会发生，但是社会主义生态文明观始终秉持"以人民为中心"的价值立场，从根本上决定了现实社会中的生态问题不会像在西方国家那样持续发酵和肆虐，资本主义国家则只会将人民视作服务于资本增殖的工具。

第6章　社会主义生态文明观引领
生产方式绿色转型

    实践性是唯物史观的起点，亦是终点。实践性相应地要求社会主义生态文明观应该引领生产方式和生活方式的绿色转型，这呼应了历史唯物主义的客体向度和主体向度的要求。[1]《中共中央关于制定国民经济和社会发展第十四个五年规划和二〇三五远景目标的建议》概括了"十四五"时期我国经济社会发展在生态文明建设层面上的目标，即"生产生活方式绿色转型成效显著"[2]；党的二十大报告提出"加快发展方式绿色转型""深入推进环境污染防治""提升生态系统多样性、稳定性、持续性""积极稳妥推进碳达峰碳中和"[3]等具体要求。这些文件从

----

    [1]　关于历史唯物主义主体向度和客体向度的划分源于张一兵教授的《马克思历史辩证法的主体向度》，本章用这一划分旨在表明生产方式绿色化在某种程度上对应客体向度，即人与自然的关系；生活方式绿色化在某种程度上对应主体向度，即人作为实践主体的能动性的彰显。与本章相似的区分还有杨耕教授在《危机中的重建：唯物主义历史观的现代阐释》一书中将经济必然性和历史总体性作为唯物主义历史观的两个重要特征。

    [2]《中共中央关于制定国民经济和社会发展第十四个五年规划和二〇三五年远景目标的建议》，人民出版社 2020 年版，第 9 页。

    [3]　习近平：《高举中国特色社会主义伟大旗帜　为全面建设社会主义现代化国家而团结奋斗——在中国共产党第二十次全国代表大会上的报告》，人民出版社 2022 年版，第 50、51 页。

目标层面论述了生产生活方式的绿色变革实践，借助以绿色转型为目标的社会主义生态文明观的培育，这些实践才能在全社会范围更加顺利地展开。

6.1　社会主义生态文明观与生产方式绿色转型的内在关联

生产方式涉及人与自然、人与人的关系，生产方式的绿色转型也理应包括这两个方面。从产生的生态问题来看，仅仅通过技术来改善人与自然之间的物质循环，而不变革生产关系显然是治标不治本的。以绿色转型为目标的社会主义生态文明观作为对未来社会条件中"两个和解"实现的理论表述，具有使资本逻辑影响下的生产方式走上绿色转型之路的理论优势。

6.1.1　社会主义生态文明观：自然与社会关系的双重意蕴

从政治哲学的本体论基础入手，社会的自然关系与社会关系构成分析生态问题的双重视角，社会主义生态文明观紧紧抓住这双重视角展开问题分析，这种认识事实上有一个以生态科学的内涵丰富经典马克思自然观理论的过程。**首先**，马克思自然观中历史唯物主义的方法和观点与中国实际生态问题的结合，决定了以绿色转型为目标的社会主义生态文明观要通过发挥制度优势来避免实践中产生生态问题，即从人与人的关系入手来改善人与自然的关系。一个事实是，自农业文明发展到工业文明以来，无论生产力发展的程度如何，人类实际上一直在破坏生态环境的道路上前行，生态问题成为全球共同议题则是 20 世纪的事情了。这充分暴露出社会制度或者说意识形态因素对于生产力和自然的破坏作用，甚至可以说，科学技术的资本主义应用是更为根本的因素。另一方面也要承认，马克思所生活的年代的生态问题仅属于经济问题的一个方面，生态问题尚未成为马克思关注的焦点，马克思的深刻之处在于紧紧抓住异化的社会关系分析现实的生态问题，这种分析表现出生态文明具有的鲜明政治取向。**其次，**马克思的自然观有了生态科学知识的支撑，离不开生态马克思主义学者的努力。作为欧美国家或者西方马克思主义的理论支派，以奥康纳为代表的相关学者在坚定马克思以及社会主义立场的基础上，以生态学思想补充并完善了马克思的思想。奥康纳认为生产关系和生产条件的矛盾导致了生态危机，马克思只看到作为第一重矛盾的生产力和生产关系的矛盾，忽视了作为资本主义第二重矛盾的"社会的自然关系"。为此，奥康纳关于未来社会主义的设想更加注重物品的使用价值，例如在经济模式上强调按照人们的需要而非利润组织生产，重视具体劳动和商品使用价值等生产过程而非重视作为结果的分配正义的过程。以奥康纳为代表的生态马克思主义学者的一个观点是，将自然解放列为无产阶级解放的重要议题。尽管生态马克思主义学者提出的关于资本主义社会的替代路径和战略没有明显的绿色政治变革的特征，但其有关"社会的自然关系"的分析则强化了马克思自然观的生态科学基础。

　　社会主义生态文明观的批判性特质，超越了生态学马克思主义的政治哲学基础，即不局限于生态可持续性和社会公平正义的要求。就共同之处而言，人与自然层面的生态"绿色"考量和政治层面的社会主义"红色"取向都属于社会主义生态文明观。着眼于理论本身的自我主张的需要，只有将"绿色"与"红色"两个方面在中国社会现实的"实体性内容"之中平衡好，才能更好地总结出"中国智慧"或者"中国方案"。我们应当杜绝"抽象规律的外在反思运用"，因为"一个所谓哲学原理或原则，即使是真的，只要它仅仅是个原理或原则，它就已经也是假的了"。[1]自黑格尔以后，徒具抽象形式却不以社会现实为内容的知识就是一种"时代的错误"。马克思继承了黑格尔关于现实的立场，因此离开既定社会自我活动伪造出的历史的虚构，尤其是时代的错误了。[2]结合中国现实来看，可以从如下表述看出对"绿色"或对生态的考量：党的十八大报告提出"尊重自然、顺应自然、保护自然"，党的十九大报告提出"人与自然是生命共同体""还自然以宁静、和谐、美丽"，党的二十大报告提出"人与自然和谐共生的现代化"。这表明中国共产党将绿化列为治国理政中的重大议题。此外，理论的"自我主张"不仅体现为自然在中国社会主义初级阶段条件下的崇高地位，而且更要以社会整体价值观的变革作为前提条件，这样才能更好地把握社会主义生态文明观与全球深绿思潮的区别。事实上，仅仅对上述论断作一种马克思语境下的"社会主义"阐释是远远不够的，应当强化理论在全球范围内的对话。就政治层面的"红色"的社会主义取向而言，并非强调社会主义对资本主义发展的替代就能根除一切生态问题；就唯物史观视域中与特定社会形态对应的自然关系和社会关系而言，并非进步性的社会关系就会带来与之相适应的、改善了的自然关系。但资本主义社会条件下扭曲了的人与自然关系，其相对于传统社会中的人与自然关系来看，仍然是一种历史的进步。同时，

---

[1]　[德]黑格尔:《精神现象学》上卷，商务印书馆 1979 年版，第 14 页。

[2]　吴晓明:《马克思主义中国化与新文明类型的可能性》，《哲学研究》2019年第7期。

就社会主义初级阶段的国情而言，认为社会主义能够短时间内取代资本主义的看法显然陷入对两者关系"忽此忽彼"的误解中了，退一步来说，实践本身的构建是一个需要持续探索的长期过程，尤其是对于具有超大人口规模的中国而言。

总而言之，就理论的普遍性而言，社会主义生态文明观具有相当广泛的适用范围，因为生态可持续性既是社会主义生态文明观的目标，又是未来绿色经济社会共同追求的目标。就理论的特殊性来说，"社会主义"制度对中国的生态文明理论或生态文明实践作出了规定，因为"社会主义生态文明观""人与自然和谐共生的现代化"或"绿色发展"均是"中国式现代化"的理论总体的一部分，因此红色话语包含着绿色话语、现代化话语和发展话语。只有从中国背景和中国语境出发，才能全面理解"社会主义生态文明观"中的自然关系与社会关系的深刻意涵。

6.1.2　绿色资本主义的自然局限

讨论社会主义生态文明观中的生产方式变革的可能性与现实性缘于明确了绿色资本主义方案的不可能性，其中提高科技含量以及实现自然资源的市场化是绿色资本主义理论提出的两种代表性方案，这两种方案的共同之处在于不变革资本主义的制度框架。在此基础上，提高科技含量的方案认为技术进步能不断降低资源的消耗量和污染的排放量，自然资源的市场化认为将自然资源以价格机制的形式纳入市场体系中，能够倒逼企业降低生产成本，进而实现经济效益和生态效益的统一。具体说来，"科技乐观主义"的信奉者在夸大技术革命和环境政策的功效的同时，也忽略了科技固有的社会关系属性。技术本身是无主的，但作为人类物化劳动的结果，技术承担着社会关系的属性。在资本主义制度背景下，科技作为生产要素被纳入资本增殖的过程中，虽然技术革命能够起到降低生产能耗和提高生产效率的作用，但是只要技术的投入仍然服从于资本积累的目的，自然效率的提高并不必然伴随着生产和消费的减少。"杰文斯悖论"对此作出揭示，这一悖论发生的原因在于技术发展未能突破"根据积累和利润逻辑运转的"的资本主义制度框架。未深入到资本主义的制度和权力关系中来看待科学技术的作用，这使"浅绿"思潮导向了对资本主义的辩护，进而使资本推卸了全球环境治理的责任。**另一方面**，"浅绿"思潮在传统古典经济学框架中赋予自然以经济价值属性的主张，不过是关于市场自我调节体系的"乌托邦幻想"。主张私有财产权和自由放任的市场是自由主义经济的主要理论内容，将其运用到环境治理领域时会形成"自由主义"的"绿色化"主张，即在市场中内化外部环境治理成本的主张，本质上肯定了自然资源的私有性。古典经济学家和新自由主义经济学家的错误在于，他们将私有制视作一种非历史性的存在，将需要被论证的东西作为理论的预设，因此暴露了自身的资产阶级立场。在资本主义的制度框架中，自然自身的内在价值成为具有工具理性的存在，"浅绿"思潮关于自然的上述认识仍未打破机械自然观的藩篱，生态文明的本质被误认成资本主义进行再生产的外部生态条件。

事实上，对"浅绿"思潮进行深入分析，就能够看出其理论带有的特殊或地方中心主义的立场，不具有普遍性的理论不能为其他国家生产方式的绿色转型提供参考。"深绿"思潮否定了人类中心主义价值观，导致自然成为美学意义上的"荒野"自然；区别于此，"浅绿"思潮在生态问题上认可秉持新型的现代"人类中心主义"的立场：其认为人类与自然的关系不是二元对立的，造成生态问题的"人类中心主义"实则代表着"人类沙文主义"，而非代表着全人类的需要和利益。美国学者诺顿也区分了不同类型的人类中心主义，他赞同"弱式"的人类中心主义：即个体按照合理需要的理性偏好确立价值标准，而不以个体非合理的感性偏好需求为标准，将保护生态环境的责任视作人类利益的一部分。"弱势"人类中心主义将人类利益限制在保护资产阶级可持续的利益的范围中，不仅推卸了资产阶级对全球环境的责任，而且会牺牲贫苦人民或者非西方国家的环境权益来服务于资本增殖的需要，由此造成贫富分化的"马太效应"，所以不是真正意义上的发展。

近年来在欧美资本主义国家中兴起的"绿色左翼"思潮证明了自由主义意识形态的难以为继。欧美资本主义国家进入 21 世纪以来，经济危机的频发显示了资本主义社会的制度与文化根基具有的"扩张性"，并由此引发了多重危机，这说明资本主义国家曾依靠渐进型等非本质性因素进行自我调整的方式已经失效。传统资本主义国家虽然通过诸如生态现代化、可持续发展等绿色"资本主义话语"的纠正走出了困境，但是眼下以"社会生态转型话语"为代表的激进绿色转型话语成为多数欧美国家的必然选择。这里的"转型"话语是基于对新自由主义话语的批判所形成的未来社会构想，话语内涵由以往内嵌于欧美整体性制度环境的阶段性和非本质性特征，转变为文明革新的特征，正如马克思认为的，共产主义社会的到来说明资本主义社会具有的历史局限性，该目标指明了未来社会的发展方向。无论是浅绿思潮本身，还是作为社会生态转型话语的"绿色左翼"，均具有维护自由主义利益的理论局限性：保护生态不仅是环境领域内的公共政策议题，而且是对整个社会公平正义和生态可持续发展的综合考量，因此不变革一个经济社会依托的制度框架和文化观念，只能是"抱薪救火"。

6.1.3　以变革资本社会关系属性推动生产方式绿色转型

生产方式的绿色转型包含着人类构建绿色经济社会的价值诉求，即通过一系列手段促进生产力的发展来减少环境污染，这要求拥有先进科学技术的部分发达资本主义国家承担更大的环境保护责任。实际上，科技水平的提高使人与人的生产关系[1]更深地影响了人与自然的关系，仅通过改变技术而不触动生产关系的做法，只是绿色资本主义信奉者持有的一种"意识形态"幻想。只有具备变革生产关系这个前提条件，才能在现实中顺利推动经济社会生产方式的绿色转型。由于不同国家具有自身的国情和发展特点，生产方式的绿色转型需要考虑该国以往的历史特点。对于中国来说，生产方式的绿色转型必须基于现代化发展的要求，一言以蔽之，发展现代化的过程必须合理利用资本的力量。由于"资本不是物，而是一定的、社会的、属于一定历史社会形态的生产关系"，[2]因此要在社会关系的保障条件下运用资本力量，以便推动生产方式的绿色转型。事实上，就资本逻辑发展的过程来看，以占有物质财富为衡量标准的模式是资本初期的发展特征，此后，现实中经济、政治、文化、社会和生态等领域

---

[1]　广义上的生产关系包括在物质生产中形成的"物质生产关系"和人类自身生产基础上的"民间礼俗关系"，其中"物质生产关系"由"劳动价值关系""经济权力关系"和"经济利益关系"三部分构成。详细参见鲁品越：《〈资本论〉的生产力与生产关系概念的再发现》，《上海财经大学学报》2018年第4期。本节使用的生产关系概念仅就人们之间的"物质生产关系"而言，本质上是人与人之间的社会关系。

[2]　《马克思恩格斯文集》第7卷，人民出版社2009年版，第922页。

的危机暴露了资本本身的"自我否定"属性，因此资本为了实现更高阶段的发展必须借助全新的生产关系实现自身的转型。恩格斯《自然辩证法》对此论述道："在今天的生产方式中，面对自然界和社会，人们注意的主要只是最初的最明显的成果，可是后来人们又感到惊讶的是：取得上述成果的行为所产生的较远的后果，竟完全是另外一回事，在大多数情况下甚至是完全相反的。"[1] 为了避免资本破坏生态环境这种"完全相反"的后果，必须革新资本的社会关系。

变革资本的社会关系首先需要在方法论层面上明晰这种社会关系的属性是什么。需要声明的是，本节中我们在与"生产力"相对应的层面上使用"生产关系"的概念，该概念指代物质生产领域中形成的社会关系。在方法论的**第一个层面上**：为什么我们需要讨论资本具有的社会关系属性？作为积累起来的劳动，资本的本质具有现实的物质性和社会关系属性。资本的现实物质性存在于一切资源之中，例如土地、劳动力、自然资源等物质要素是资本的现实形态；而资本能够配置资源的原因在于其拥有市场权力，这是社会关系的内涵，即"黑人就是黑人，只有在一定的关系下，他才成为奴隶。纺纱机是纺棉花的机器。只有在一定的关系下，它才成为资本"[2]，其中作为资本人格化的资本家拥有至高无上的支配权力。古典经济学派的理论局限在于只看到作为特定物质的资本，而忽视了资本的社会关系本质，这种本质正是在劳动中形成的、作为"普照的光"的一种支配力量，"资本的发展不是始于创世之初，不是开天辟地就有。这种发展作为

---

［1］《马克思恩格斯文集》第 9 卷，人民出版社 2009 年版，第 563 页。

［2］《马克思恩格斯全集》第 6 卷，人民出版社 1961 年版，第 486 页。

凌驾于世界之上和影响整个社会经济形态的某种力量，实际上最先出现于十六世纪和十七世纪"。[1]资本一经产生，就展开了对人们全部生产和生活活动的"全域殖民"，吸吮和破坏客观物质世界中客观存在的自然力是资本实现扩张、不断强化社会关系权力的直接方式。[2]生态危机的发生引起人们对于资本的社会关系属性的讨论。在方法论的**第二个层面上**，需要思考的问题是：应当如何对资本的社会关系属性进行讨论。这里需要分析"社会关系"[3]概念的几层内涵：第一层内涵是基础层的"劳动价值关系"，这体现了个人劳动在社会分工条件下具有的能够满足他人生存与发展的价值关系，在市场中需要凭借物之间的交换才能成为现实关系。第二层内涵是"经济权力关系"，此种权力存在于生产关系的四个领域，即生产、流通、交换和消费，生产资料所有制决定了经济权力关系；第三层内涵是在前两层基础上形成的"经济利益关系"。资本主义从自由主义阶段发展到垄断阶段，不仅改变了自身的权力结构，而且改变了权力关系和利益关系的分配格局，前一方面的权力格局深刻影响着后一方面的利益格局。资本能够控制现实社会的重要原因在于其嵌入上述格局之中，资本主义社会本质上是不平等的社会关系经由制度化而形成不平等的社会结构。"现代的资产阶级私有制是建立在阶级对立上面、建立在一些人的另一些人的剥削上面的产品生产和占有的最后

---

[1]《马克思恩格斯全集》第48卷，人民出版社1985年版，第120页。

[2] 鲁品越：《鲜活的资本论：从深层本质到表层现象》，上海世纪出版集团2015年版，第299页。

[3] 广义上的社会关系指涉的领域较广，既包括物质领域也包括精神领域，还包括战争等形式，狭义上的社会关系则专指物质生产领域，等同于生产关系，这里的社会关系是狭义层面上的。

而又最完备的表现"，[1]资本为"掠夺"自然界找到了合法根据。

只有确立社会主义公有制，才能从根本上变革资本具有的不平等和剥削的社会关系属性，进而推进生产方式的绿色化。从上面，我们认识到仅仅从生产力层面推进绿色化的转型，不是建设生态文明的治本之策，治本之策是变革作为不平等生产关系的资本属性。为资本主义私有制所确立的各层社会关系，合法并加深了人与人之间的利益分化关系，这不利于在自然资源的共同议题讨论上达成一致。恩格斯提出解决人与自然的关系的方案十分明确："要实行这种调节，仅仅有认识还是不够的。为此需要对我们的直到目前为止的生产方式，以及同这种生产方式一起对我们的现今的整个社会制度实行完全的变革。"[2]社会主义公有制因其对抗资本主义的私有化而具有公共属性，具体体现为允许人民共同使用生产资料，当然还包括生态资源。一方面，社会主义公有制重新将劳动者与分化了的劳动产品、劳动本身、他人统一起来，从而消灭了异化劳动。在社会主义现代化事业的建设过程中，劳动者不会感到不幸，个人由于本质力量得到彰显还会守护自身依赖的生态环境本身。此时自然相对于人的地位，不仅会从单一的有用性上升为审美或精神性的存在，并且人与自然之间的和谐统一的关系为社会主义公有制所保障。另外，党的领导决定了中国式现代化的本质特征。生产方式的绿色转型符合人民群众的生态环境需要，因此执政党会将该任务纳入治国理政的层面，而社会主义公有制意味着这样一种局面的出现："整个社会，一个民族，以至一切同时存在的社会加在一起，都不是土地的所

---

[1] 《马克思恩格斯文集》第 2 卷，人民出版社 2009 年版，第 45 页。
[2] 《马克思恩格斯文集》第 9 卷，人民出版社 2009 年版，第 561 页。

有者。他们只是土地的占有者，土地的受益者"。[1]党的领导这一中国特色社会主义制度最大的优势使人们共同从事生产和管理活动具有了可能。换言之，我国处于社会主义初级阶段的基本国情决定了，只有具有强大的、具有自觉主体意识的组织（即中国共产党）来提供保障，才能统筹社会经济发展和生态环境保护之间的关系。从治国理政的层面考量生产方式的绿色转型切中了资本的社会关系本质属性。

6.2　生态产业结构：推进生产方式绿色转型的依托

"产业"概念的外延与人工自然的概念有些类似，强调的是作为人类实践活动结果的物质形态；从内涵上看，产业是人类追求经济效益的特定的实践形式。人与自然的关系在产业中获得了新的表现，这种表现在同类产业结构内部或者不同产业结构之间存在着差异。马克思在《1844 年经济学哲学手稿》中论述到，"工业的历史和工业的已经生成的对象性的存在，是一本打开了的关于人的本质力量的书，是感性地摆在我们面前的人的心理学"[2]，这句话表明了产业结构所处的发展阶段与人的本质力量展开程度之间存在"同构性"。换言之，产业作为社会生产系统中得以固定下来的某种物质形态，其发展状况不仅体现了人与自然的关系，而且这种生产关系形塑了社会形态。人类社会具有的内在进步的特征要求产业结构实现生态化调整，这契合了生产方

---

[1]《马克思恩格斯文集》第 7 卷，人民出版社 2009 年版，第 878 页。
[2]《马克思恩格斯文集》第 1 卷，人民出版社 2009 年版，第 192 页。

式的绿色转型：产业的长足发展既要注重特殊层面的经济效益实现，又要兼顾普遍层面的生态效益实现。

6.2.1　生产方式绿色转型：构建新发展格局的现实需要

生态自然的可持续性是衡量一个社会能否实现永续发展的标准，生态问题归根到底是经济发展方式的问题，而一定的发展方式又与产业结构存在密切关系。产业结构既是社会生产领域中的"资源转换器"，又是自然界中的"污染控制器"，一个国家产业结构的分布大体上反映着该国生产方式的类型及资源转换率、污染排放水平。一个地区的产业发展水平影响着生态的层级水平，影响程度在很大程度上与科技含量有关。纵观人类历史，产业的发展离不开对自然规律与社会历史规律的认识与运用。传统社会中人们使用的劳动工具十分简单，人们的生产资料直接或经简单加工以后从自然界中取得，因此以农业为主的产业对自然产生的微弱影响可被控制在生态环境阈值之内；以资本主义生产方式为主的现代社会的到来，一方面大规模催生了工业发展，另一方面这一时期的生态破坏较之以往产生巨大变化，甚至到了严重威胁人的生命安全的地步。当前生产力发展和交往范围日益扩大的背景之下，生态环境关乎全人类命运，产业结构的绿色转向成为世界各国人民共同的选择，相较于农业现代化、工业制造业等产业，以服务业为代表的第三产业产生的污染较小，因而能够成为满足人民日益增长的生态环境需要的发力点。

生产方式的绿色转型不仅符合人类社会的发展要求，而且彰显了中国顺应发展潮流的自觉意识，体现了中国的国际担当。随着中国步入新发展阶段，构建新发展格局的任务要求在转变生产方式中贯彻新发展理念、实现绿色发展。党的十九届五中全会将"加快构建以国内大循环为主体、国内国际双循环相互促进的新发展格局[1]"确立为"十四五"时期经济社会发展的主要任务。新发展格局的提出遵循着中国特色社会主义事业进入新时代、经济发展进入"新常态"以及国内国外两个大局发展"新阶段"的时代要求,在此基础上,建设现代化经济体系的新要求以建设产业体系为具体载体。事实上,浏览相关的中央文件,可以发现我国始终通过调整产业结构来实现经济效益与生态效益相得益彰的目标:如2015年5月发布的《关于加快推进生态文明建设的意见》提出,应当建立符合生态文明建设要求的产业体系,即建立科技含量高、资源消耗低和环境污染少的生态产业结构,因此产业体系绿色转型的发展要求体现了服务于高质量发展和满足人民日益增长的优美生态环境需要的战略抉择。反观世界局势,在处于百年未有之大变局的背景下,新发展格局的提出不是中国应对世界外部环境变化的被动之举,而是中国在变局中谋求高质量发展和转型的主动选择。不可否认,外部环境是影响中国发展的重要变量,一方面世界范围内发生了以智能制造为代表的第四次工业革命浪潮,另一方面以美国为首的一些发达国家仍然实施单边主义、贸易保护主义等一系列违反世界历史潮流的政策。加之2020年初全球新冠肺炎疫情的冲击,加速了中国经济战略的转型升级;国内人口红利优势的丧失和"银发社会"的到来,使得产业基础的薄弱和核心技术的不足等问题凸显出来。在此背景下,构建新发展格局需要提升我国产业链的现代化能力,此种能力不仅可提升我国在全球价值链中所处的位置,而且可促进国

---

[1]《中共中央关于制定国民经济和社会发展第十四个五年规划和二〇三五年远景目标的建议》,人民出版社2020年版,第6页。

内产业结构的布局和升级，有助于早日实现"碳排放达峰后稳中有降"的目标。以发展新质生产力推动高质量发展，促进传统产业结构的调整。发展新兴产业和布局未来产业是推进生产方式绿色转型的现实要求。

构建新发展格局对我国产业结构的绿色转型升级提出了要求，实际上，作为现代化经济体系的关键一环，产业结构与新发展格局互为表里。如果说新发展格局的提出在于从宏观层面上追求畅通国民经济循环的目标，那么现代化经济体系则指明了构建新发展格局、平衡总供给和总需求的具体路径。**第一**，新发展格局强调生产、分配、流通和消费更加依托国内市场，着眼于以供给侧改革疏通国内经济大循环的堵点，因此生产作为经济体系运行的起点应当满足人民的生态环境需要。高质量发展是满足人民日益增长的美好生活需要的发展，这种高质量发展在供给上体现为实现生产组织方式的网络化与智能化，生产出的产品能够满足人民群众升级了的生态环境需要；体现在产业投入—产出上，就是以全要素生产参与市场化配置，依托劳动效率、土地效率、资本效率、环境效率以及资源效率等的提升达到绿色生产的目的。**第二**，从我国产业结构的发展历程来看，在行动上脚踏实地地实现绿色转型是践行社会主义生态文明观的基本前提。新中国成立初期，为了突破国外敌对势力的封锁，我国将优先发展重工业、建立初级工业体系作为首要目标，这种做法不可避免地带来了资源能源消耗大和环境污染严重的问题。改革开放以来，为了改善人民的生活条件，社会主义市场经济引入资本要素扩大开放程度的同时，也因为承接外国产业的转移而出现了一定程度上的环境污染问题和对自然资源的滥用。对历史的梳理并不是说要放弃发展，而是为了说明推进生产方式的绿色转型应当扬弃过往的生产实践方式,这种"扬弃"意味着是在继承过往物质成果的基础上实现发展,而不是抽空发展的"物质地基",这种抽空在哲学上表现为回到原始丛林状态的幻想。

6.2.2　产业生态化:生产方式绿色转型的基本骨架

产业作为人类通过对象化活动将自身本质力量加诸自然而形成的物质结果,包含了自然规律和社会规律的统一。然而为何现实中产业结构的生产或者分布会出现"不环保"的现象?感性现实的杂多特征难以被人们全部把握,但至少可以从理论上进行提炼。清华大学曾国屏教授作为第一位将"产业"置于历史唯物主义视域进行研究的学者,他给出如下定义,"通过产业实践……天然的自然演化成为了社会的自然,诞生了社会系统实在",[1]人类在这种自觉的活动中"不仅要考虑'怎样'达到目的,而且要考虑怎样'经济地'达到目的;不仅要考虑'怎样实现'对象化,而且要考虑怎样'经济地'实现对象化"。[2]从中我们能够看出,在发展产业的过程中,人的行为活动应当受到自然规律的约束。资本作为一种现代力量产生以后,趋利的本性使其倾向于涌入利润较高的行业,这会使资本的竞争和垄断带来的破坏超出自然界能承受的范围。例如马克思曾在《资本论》一书中区分了生产资料和消费资料两大部类,得出结论"从简单再生产过渡到扩大再生产,要求第一部类的生产即生产资料的生产优先增长"。[3]经济危机引发了生态危机的连锁反应。从大的历史时

---

[1]　曾国屏:《产业实践——社会自然的生成》,《自然辩证法研究》2007年第7期。
[2]　曾国屏:《唯物史观视野中的产业哲学》,《哲学研究》2006年第8期。
[3]　《马克思恩格斯文集》第6卷,人民出版社2009年版,第3页。

代特征来看，尽管世界历史仍然处于马克思指明的时代，即资本逻辑运行的时代，但我国产业结构的布局和内部发展符合自然和社会的运行规律，即在社会主义生态文明观的指导下能促进自然资源的合理分配，实现产业生态化的目标。

社会主义生态文明观包含自然规律和社会规律的要求，其借助产业的生态化布局得到实现。实然层面上，我们准确把握我国产业结构布局的现状，明确距离应然层面上的目标还有多远。这是从资本作为社会"普照的光"的一般维度上概括产业结构总体布局的现状，在特殊层面上，应结合中国产业结构的布局分析如何发挥资本力量，控制其产生的生态影响。资本力量的强大作为开辟世界历史的前提条件，促成了各民族国家从地域性向整体性的转化，意味着"创造世界市场的趋势已经直接包含在资本的概念本身中"，[1]其中制造全球产业链的不平衡是资本为实现自我扩张采用的新形式。这种新形式是将处于产业链中的低端制造部分转移到发展中国家，而将处于产业链中的高端的研发和销售部分牢牢掌握在本国手里，此种境况下的富裕消费国和贫穷生产国的分化不仅升级了资本主义生产方式，而且实现了将污染转移到发展中国家的目的。在推进中国式现代化进程中，长期以来形成的出口导向型的经济发展模式使中国在全球产业链布局中占据中低端位置，生产中某些核心技术的能力"受制于人"。此种格局与我国现代化早期依托资源禀赋比较优势的做法有关（土地和劳动力要素价值低廉），那些依靠资源禀赋发展起来的产业具有附加值低、污染相对较大的特征。面对内部经济疲软和外部市场萎缩的情况，中国必须加紧促进产业链升级，不仅要依托国内

---

[1]《马克思恩格斯文集》第 8 卷，人民出版社 2009 年版，第 88 页。

市场来布局全门类的产业链和价值链，而且要凭借创造性劳动实现产业结构的升级迭代。

产业结构的生态化调整在国际层面上的要求是使我国的产业链实现从中低端向中高端发展，在国内层面上的要求是实现产业内部结构的优化。中国作为后发的现代化国家，传统、现代以及后现代交织并存的特征决定了我国三大产业类型是农业、工业和服务业，产业生态化要求各类产业实现生态与经济效益的同步发展，即"产业生态化既是产业发展的自然演化的结果，即人化的社会的自然的发展，也是产业活动的主体——人的能动的社会实践及自然的社会建构的逻辑必然，是合规律性和合目的性的统一"。[1]这意味着产业结构的生态化应当考虑三大产业之间的协同联动，不能只考虑到某一产业内部的独自调整。**首先**，促进农业生产方式的生态化转变。节能型机械在集约式农业中的使用，不仅起到了改造中低产田的效果，也加强了农业生产废弃物的无害化处理和再利用，拓展了农业产业链并提高农业的附加值，有助于发展农业循环经济。概言之，农业生态化要求建立起现代的农业体系，实现环境保护与绿色农产品供给的统一，实现有机肥使用与农业废弃物的循环利用。**其次**，促进工业生态化转型。工业发展是社会进步的重要引擎，2010 年我国"工业能源消耗达 21 亿吨标准煤，占全社会总能源消耗的 65%，占全国化石能源燃烧排放二氧化碳的 65%"。[2]当前工业使用的能源大多为不可再生能源，长期开采不仅会造成"竭泽而渔"，而且会造成大量污

[1]　刘红玉、彭福扬：《马克思的产业思想与当代产业发展》，《自然辩证法》2011 年第 2 期。

[2]　郭兆晖：《生态文明体制改革初论》，新华出版社 2014 年版，第 140 页。

染，根据生态文明建设的要求，宏观层面上应当调整产业结构的布局，微观层面上运用科学技术来实现循环发展和绿色发展。**最后**，推进生态服务业的发展。服务业以无形服务作为商品，这区别于由第一、二产业提供的有形商品，其蓬勃发展顺应了人民消费结构升级的趋势变化。生态旅游业具有资源消耗低和环境污染少的特征，该生态优势使其成为落实社会主义生态文明观的产业支撑。尽管无形的"服务"不具备物质性特征，但能够进行市场流通的价值属性使其承担推动实体经济发展的重要功能，"对于提供这些服务的生产者来说，服务就是商品。服务有一定的使用价值（想象的或现实的）和一定的交换价值"。[1]总而言之，以社会主义生态文明观的树立促进生产方式的绿色转型是一项系统工作，不仅要从产业结构之间的协同关联出发（而非单一产业内部）进行生态化调整，而且要注重产业链上、中、下游的协同，而非仅着眼于单一产业链。

6.2.3　生态产业化：生产方式绿色转型的发展方向

如果说经济的生态化是践行社会主义生态文明观的前提，那么生态经济化则是更高的目标追求，即促进生态产品的价值实现，或者畅通"绿水青山"向"金山银山"的转化机制。生态产业化作为践行"两山"理念的重要依托，首先应当廓清的一个问题是，本节是在什么语境中讨论生态产业或者说生态产业化的。梳理当前学界中关于生态产业的研究，大多是将生态产业与扶贫工作进行结合；或者将生态产业的发展作为扶贫工作的一项重要内容展开，或者将生态产业发展作为乡村振兴战略的一部分。上述

---

[1]《马克思恩格斯文集》第8卷，人民出版社2009年版，第220页。

语境下的生态产业具有区域性特征，这种区域通常具有良好的生态资源禀赋，但经济发展相对落后贫困。撇开各地区不同的环境条件和经济条件，本节侧重从方法论层面上讨论如何利用好一地域内的生态环境优势，生产出更多的满足人民生态环境需要的产品，进而实现生态产业化的规模和集聚效应。如果将产业生态化理解为借助先进的科技实现传统产业的绿色化转型，那么生态产业或生态产业化则强调实现生态资源的经济效益，将社会主义生态文明观理念贯彻到产业活动中，能够实现经济与生态效益的"同向同行"。实际上，实现产业生态化属于传统现代化的发展范式，无论资本主义国家还是社会主义国家进行经济活动均以尊重自然规律为前提，因此科技作为认识自然和改造自然的手段，被摆在大力发展的重要位置。生态产业化回答的是发展生态产业的目的体现了中国特色社会主义的制度优势，即实现人民幸福，其具有开启生态文明观的"新可能性"。因为生态产业不仅是"后脱贫时代"（乡村振兴）的发展重点，从新发展格局的构建来说，也是我国提升产业链的现代化水平、实现价值链向中高端攀升的一个发展着力点。

　　具体而言，生态产业的定义如下："生态产业扶贫是通过产业结构调整、升级的方式重新整合贫困地区的自然资源、物质资源和人力资源，将传统高消耗、低效率产业转化为以生态环境为基础、以市场为导向的生态产业，以此带动贫困人口脱贫致富的生态扶贫方式。"[1]从中可以提炼出，生态产业是通过利用一地的生

---

[1] 曾贤刚：《生态扶贫：实现脱贫攻坚与生态文明建设"双赢"》，《光明日报》2020年9月29日，https://epaper.gmw.cn/gmrb/html/2020-09/29/nw.D110000gmrb_20200929_2-07.htm。

态资源生产出面向市场的生态产品，并将其固定下来的一种产业模式。**首先**，就生态资源本身而言，由于在使用权上生态资源具有共享性和非排他性特征，在所有权上存在产权不明晰的特性，市场经济活动中的价格机制难以对其发生作用，此时借助"委托品"或"载体"的形式才能达到有效发挥价值机制的作用。在经济学中一般通过为不易计量的服务寻找"委托品"的方式实现交易的目的，运用到生态领域中就是引入生态产品的概念。**其次**，生态产品能够交易的原因在于其具有价值。马克思曾将自然资源和劳动均列为财富的源泉，认为一些地区的优美生态环境能够满足人们的审美需要是因为其包含了劳动的因素，由于劳动以不损害生态系统的稳定性和完整性为前提，因此能为人类提供物质产品的供给、生态调解的服务以及生态文化的服务。这里的生态产品特指人化的生态产品，因为现实中纯天然或者原生态的自然资源并不能直接改善消费者一方的福利，其只有与人们的物化劳动相结合并形成生态基础设施、管理经营产品（主要有景区建造和餐饮服务）等，才能为人类带来视觉等感官与精神上的享受。很明显，如果该地区的交通不便或者当地的住宿餐饮等服务设施并不完善，人们就不会前往该地区并进行消费。**最后**，就生态产业的主体而言，可进一步延长生态产业链。产业作为经济活动的一种社会组织形式，资本市场能够利用社会组织的自然力实现价值增殖。马克思曾对资本吸吮三种自然力，即自然界的自然力、人自身的自然力和社会组织的自然力的情况进行批判，但也承认资本具有的文明面向，即产生了社会进步需要的物质力量。事实上，发展生态产业离不开资本的投入，但前提是应当制定规约资本行为活动的法律规范，防止资本对生态资源与环境的破坏。澄清上述前提后，再考虑如何延长生态产业链。例如，就生态产品价值实现的过程来看，生产、流通、交换和消费的任一个环节都不可缺少，由于基础设施的通畅以及市场平台的多样有助于生态产品的价值实现，因此精细化的社会分工能够形成集上中下游为一体的生态产业群，实现产业链延长目的。横向层面包括开发生态产品能够带动当地其他产业的发展，形成多种产业集群的效果。例如，浙江丽水的"丽水山耕"品牌估值达到 26 亿元，该品牌就是集全区域、全品类和全产业链于一体的农产品区域公用品牌。[1]

总而言之，生态产业借助生态产品这一"委托品"发挥了价值实现机制，价值实现是"绿水青山"转化为"金山银山"的桥梁，同时也成为全面脱贫任务向乡村振兴转换的衔接点。

6.3　绿色科技：推进生产方式绿色转型的关键

2020 年 3 月通过的《关于构建现代环境治理体系的指导意见》强调，大力发展"科技"包含了科学与技术的双层意涵。如果说科学是主体认识自然揭示规律的活动，技术则是主体对自然的改造活动。科技作为生产力，其发展状态在一定程度上决定着相应的社会形态，如马克思所言，"手推磨产生的是封建主的社会，蒸汽磨产生的是工业资本家的社会"。[2]尽管自然规律相比社会历史规律具有先在性，但人类借助于科技能够使自身不断摆

---

[1]　彭绪庶：《激活生态产品价值转化的新动能》，《光明日报》2020 年 8 月 22 日，https://epaper.gmw.cn/gmrb/html/2020-08/22/nw.D110000gmrb_20200822_2-05.htm。

[2]　《马克思恩格斯文集》第 1 卷，人民出版社 2009 年版，第 602 页。

脱自然界的束缚，从而迈向自由王国。生态文明社会兼顾人的发展和经济发展，具有科学性和价值性的特征，作为一种新的文明类型，其要求以绿色科技推动生产方式的绿色转型。问题的关键在于如何实现技术创新。应当注意的是，科技自身是无主的，但是在不同社会制度背景中对它的运用会对生态环境产生截然不同的影响，应当对科技作出"绿色"的规定。另外，绿色科技的历史性特征可能造成在时空转换背景下原有的绿色科技不再具有绿色特征。无论如何，"受人的认识水平及客观条件的限制，一项新科技的负面影响不会立即被发现，因此，对绿色科技的分析应有一个横向比较和纵向比较的过程，发展绿色科技也应树立综合的、长期的、渐进的观念"。[1]

6.3.1　生态风险：科技资本主义应用的生态后果

科技自工业文明以来获得了突飞猛进的进展，一方面以自身的可计算性和合理性特征实现了人对自然界的掌控，产生的巨大物质财富改善了人类本身的生存条件；另一方面，科技在不合理社会制度下的发展不断凸显自身的负面效应，违背自然规律的做法造成了人类自身生存条件的恶化。尼采曾言："凡人类所能享有的尽善尽美之物，必通过一种亵渎而后才能到手，并且从此一再要自食其果，受冒犯的上天必降下苦难和忧患的洪水，侵袭高贵地努力向上的人类世代。"[2]在理论层面上，科技作为"通过工业日益在实践上进入人的生活，改造人的生活，并为人的解放作

---

[1]　李娟：《绿色发展与国家竞争力》，经济科学出版社 2018 年版，第 134 页。

[2]　[德]尼采：《悲剧的诞生》，周国平译，生活·读书·新知三联书店 1986 年版，第 39 页。

准备，尽管它不得不直接地使非人化充分发展"。[1] 也就是说科技应当成为改造人的生活、而非独立于人的工具，然而一旦科技在资本主义社会中应用，就会成为破坏人的生存环境、与人对立的"怪胎"。退而言之，现实中不乏一些资本投资打着"绿色"旗号，妄图实现自身增殖的目的，其并未在改善人类的生存条件上产生实质性的效果。无论技术的资本主义应用以何种形式出现，我们都应该切记科技本身的始源性意义在于满足人的需求，促进人自身的解放。

牛顿力学体系的建立，标志着近代自然科学的诞生，意味着开始出现现代性文明，作为本源性的"自然"成为可被认识的自然规律，可以说科学技术帮助人们理解了世界的运行规律。如果说主体性哲学的出现使自然成为"思中之物"，那么科学技术则成为"逼索"自然的现实手段。对这一问题尚需进行深入分析，为什么作为把握客观规律的科学技术扮演了损害自然的角色？当世界发展不再具有退到"田园牧歌"式的生活的可能性时，应当如何规避科学技术引发的生态环境风险？由科学技术引发的人与自然的关系危机、压抑个体自由的后果，使一部分西方人文主义者主张无条件地抛弃技术，他们没有看到科学技术背后的社会关系，因此持有"科技悲观论"的看法。确实在科学技术产生的巨大生产力的对立面，是作为一种物化劳动的科学技术对自然的支配。生态危机发生的逻辑如下：**首先**，科学技术的出现对自然进行了"除魅"。资本主义生产方式的自我革新是战胜原始自然中愚昧和野蛮的过程，不仅作为"宗教"的自然具有的高高在上的地位下降了，而且中世纪支配人和自然的"神"也随着

---

[1]《马克思恩格斯文集》第 1 卷，人民出版社 2009 年版，第 193 页。

宗教改革被驱逐，这一切的完成依赖于自然科学的发展，并促成了"唯科学主义"的出现，即自然界只存在尚未能被解释的东西，而不存在不能被解释的东西。对此，韦伯曾有一个形象的说明，"只要人们想知道，他任何时候都能够知道，从原则上，再也没有什么神秘莫测、无法计算的力量在起作用，人们可以通过计算掌握一切，而这就意味着为世界除魅"。[1] **其次**，科学技术成为资本扩张循环的工具。从投入生产过程到再生产过程的循环，剩余价值以自然资源作为物质载体才能形成物质化的客观力量，这一过程离不开科学技术的"进步强制"，其典型表现是技术第一次使"自然力，即风、水、蒸汽、电大规模地从属于直接的生产过程，使自然力变成社会劳动的因素"。[2]科技会出现无限占有自然的"强制进步"现象，是背后资本面临的市场竞争压力使然，只有提高生产效率才能使得资本在市场中不至于因为失利而被淘汰。**最后**，有限的自然资源难以满足科学技术无休止的"强制进步"的要求。拥有高科技的发达资本主义国家通过将附加值低的产业链转移到发展中国家，以为如此便达到既享受优美生态环境又实现利润积累的双重目标，然而他们忽略了自然资源作为一种公共产品，理应是全人类共同享有的福祉的事实。在全球化背景之下，资本主义国家没有认识到没有一国能在生态风险爆发时置身事外。

导致自然遭到破坏的原因在生产关系层面可归结为科技的社会应用，在生产力层面可归结为科技内部的问题。理论作为以

---

[1]［德］马克斯·韦伯：《学术与政治》，冯克利译，生活·读书·新知三联书店1998年版，第29页。

[2]《马克思恩格斯文集》第8卷，人民出版社2009年版，第356页。

观念方式把握社会现实的知识，具有反映事物内在规律的性质，在此层面上，科学技术的作用内嵌于风险社会之中。进入风险社会或者现代化的自反阶段，环境问题与科学技术密切相关。吉登斯认为我们所面对的最令人不安的威胁是那些"人造风险"，它们来源于科学与技术不受限制的推进。[1]他在其他著作中还分析了科技本身引发的生态困境，如疯牛病、密集型农业、核裂变、水源污染、空气污染和杀虫剂污染等，我们很难将其归结为制度的原因。科学知识自身的不确定性、科技主义与人文主义的分裂和科技脱嵌于社会结构等都是科技产生的负外部性。

6.3.2　绿色技术是实现生产方式转型的关键一招

发展绿色技术是生产方式绿色转型的关键，改变科技的资本主义关系属性，在于以坚持生态文明观的社会主义政治取向为前提。虽然科技或者法律规制在实践中对改善生态环境具有普遍的意义，但是实现理论和实践的良性互促还需要价值层面的意识形态规约来促进：就是说现实中环境经济政策和生态环境行政监管手段意义上的革新，都应经得起"政治正确性"的检验[2]。具体到绿色技术来说，就是要求其推动实现"生态可持续性与现代性"和"生态主义与社会主义"的结合。[3]

就绿色技术推动生态可持续的功能而言，要重视创新这一科技进步的内生要素。结合"十四五"规划中创新驱动发展的相

---

[1]　[德]乌尔里希·贝壳、[英]安东尼·吉登斯、[英]斯科特·拉什:《自反性现代化——现代社会秩序中的政治、传统和美学》，商务印书馆2001年版。

[2]　郇庆治:《作为一种转型政治的"社会主义生态文明"》,《马克思主义与现实》2019年第2期。

[3]　郇庆治:《社会主义生态文明:理论与实践向度》,《江汉论坛》2009年第9期。

关要求，可从国家、企业、个人以及体制机制层面等制定创新发展的相关战略。**第一**，发挥社会主义办大事的制度优势，集中国家力量重组国家重点实验室体系，打好"卡脖子"的核心技术攻坚战。顺应第四次信息技术革命的浪潮，瞄准人工智能、量子信息、集成电路等前沿领域。中国共产党领导的举国体制有助于"坚持全国一盘棋，统一指挥、统一协调、统一调度"等[1]，能够有效将生态文明制度优势转化为生态现代化的治理效能。**第二**，激发企业主体的创造性劳动和创新性生产的动力。企业作为市场经济活动的组织形式，其生命周期随着市场经济活动的波动进行有规律的收缩和扩张，即经历繁荣、衰退、萧条和复苏的过程，因此企业要想在复杂多变环境的环境中始终立于不败之地，就必须充分以"创造性"精神内核应对变局。从外部环境来看，我国经济体制改革进入深水区的时代背景对中国企业提出了转型要求：实现粗放型向质量型转变，实现传统的污染型产业向新能源、新业态和应用新材料转型，以及实现中国制造向中国创造转型，其中创新始终是企业实现成功转型的关键要素。**第三**，激发人才创新的活力。我国经济发展进入新阶段，构建新发展格局要求，以内向型经济发展模式代替外向型发展模式，实现"知识型的劳动力"替代"自然人的劳动力"。"知识型的劳动力"指的是掌握高端核心技术的科技人才和管理人才，符合经济全球化背景下劳动力要素的国际化转向要求。如，《深圳建设中国特色社会主义先行示范区综合改革试点实施方案（2020—2025 年）》文件中明确了深圳建立具有国际竞争力的引才用才制度，从制度层面上吸纳创新型人才的融入。**第四**，完善科技创新体制机制。无论

---

[1] 李冉：《辩证把握疫情防控战的现在与未来》，《红旗文稿》2020 年第 6 期。

224

是国家科技治理体系的改革，还是加大对知识产权的保护力度，都旨在通过一系列完整的制度体系破解阻碍创新发展的制度瓶颈。换言之，这真正做到了以绿色技术的创新践行"以人民为中心"的价值理念。

就社会主义的价值取向来看，判断绿色技术如何的一个标准是能否在实践中促进人的发展，并且这种促进要体现在制度的绿色重构方面。一个国家的经济发展，通常是由两个"车轮"驱动的：一个是技术，一个是制度。[1]在生产力层面上技术是推动社会发展的现实物质力量，在生产关系层面上制度为技术服务的对象提供合法性的支撑，因此自然层面的生态问题也会成为历史领域中的政治问题。此种语境下，绿色技术的创新应当被纳入中国共产党执政理念方针的考量之中，即健全绿色发展的制度保障。中央相关文件明确指出"深入实施可持续发展战略，完善生态文明领域统筹协调机制，构建生态文明体系，促进经济社会发展全面绿色转型，建设人与自然和谐共生的现代化"，[2]其中提到的生态文明领域的制度体系具体为生态环境保护制度、资源高效利用制度、生态保护和修复制度和生态保护责任制度。换言之，绿色技术的创新只有被纳入社会主义生态文明制度体系的框架，才能更加牢固地坚持"以人民为中心"的价值立场、彰显中国共产党全心全意为人民服务的宗旨。**另外**，绿色技术的问题之所以能够上升为政治问题，是因为其具有人类实践活动的社会历史性特征，这种特征体现为技术的进步对于社会形态演进的影响。例

---

　　[1]　吴敬琏：《中国经济改革三十年历程的制度思考》，《农村金融研究》2008年第11期。

　　[2]　《中共中央关于制定国民经济和社会发展第十四个五年规划和二〇三五年远景目标的建议》，人民出版社2020年版，第27页。

如，在技术发展低下的时期，社会形态是以"人的依赖性"为基础的传统社会；资本主义生产方式出现以后，技术的发展使社会形态进入"以物的依赖性为基础的人的独立性"阶段，该阶段人的"物性化"特征借助科学技术得到彰显，在与自然的关系上呈为全面占有。生态文明的社会形态理应是一种"建立在个人全面发展和他们共同的社会生产能力成为他们的社会财富这一基础上的自由个性"状态。[1]技术的发展使人类生存面临着生态的困境，作为新文明类型和更高阶位的生态文明时代呼吁"绿色技术"的出现：其不仅能够有效促进生态治理，而且能够实现人类被分离了的精神活动和物质活动的合一，进而将人的本质归还于人本身。世界范围内绿党的形成表明了绿色执政成了社会发展的必然趋势。但不能忽视这种做法的局限，即绿色技术背后的资本主义制度。资本借助政治这一"转换器"是为了实现逐利性的目的，绿色技术产生的社会效益和民众福祉不过是资本追求自身目的的衍生物，不能将其视为技术本身的目的。

综上，在以绿色转型为目标的社会主义生态文明观指导下推进的生产方式的绿色转型，应当涵盖生产力层面的绿色发展和生产关系层面的政治取向的内容：发展生产力无疑要求发挥创新要素在技术中的支撑作用，完善生产关系则要求在社会主义制度层面上为绿色技术的发展提供一种关于未来绿色社会的政治想象。

---

[1] 杜仕菊、程明月：《马克思共同体思想：起点，要义及愿景旨归》，《马克思主义理论学科研究》2019 年第 6 期。

第 7 章　社会主义生态文明观引领
生活方式绿色转型

　　社会生产与生活生产是人类的"共同活动方式"，两者在唯物史观视域中具有高度的关联和内在一致性，即由中国开启的生态文明这一崭新文明形态的最终确立需要具备"生产"和"生活要素"。换言之，"如果还没有具备这些实行全面变革的物质因素，就是说，一方面还没有一定的生产力，另一方面还没有形成不仅反抗旧社会的个别条件，而且反抗旧的'生活生产'本身、反抗旧社会所依据的'总和活动'的革命群众，那么，正如共产主义的历史所证明的，尽管这种变革的观念已经表述过千百次，但这对于实际发展没有任何意义"。[1]不仅要讨论以绿色转型为目标的社会主义生态文明观引领下的生产方式的绿色转型，还要讨论其引领下的生活方式的绿色转型。尤其是，生活方式的绿色转型作为主体自觉践行生态文明意识的外化的行为表现，不仅呈现了主体的生命样态，而且意味着以绿色转型为目标的社会主义生态文明观作为"境界目的"而非"发展工具属性"在社会范围内的确立。

---

[1]《马克思恩格斯文集》第 1 卷，人民出版社 2009 年版，第 545 页。

7.1　社会主义生态文明观与生活方式绿色转型的内在关联

涉及物质生产和生活领域的变革的社会主义生态文明观是一场革命，这场革命在现实中要求实现生产和生活方式的绿色转型。不同历史阶段，由人创造的文明形态在归根结底的意义上反映出人类追求美好生活的轨迹，因此生态文明形态同样彰显了具有生态意识的主体希望过上美好生活的目标。以此推论，作为境界论的以绿色转型为目标的社会主义生态文明观体现了人民的美好生活追求，但这种追求需要依靠中国共产党这一坚强有力的政治力量自上而下地推行。事实上，培育主体的现代化观念意识的任务更为关键，并且同样任重而道远，因为人们在实践中只有自觉呵护和践行生态文明观才能更好实现生活方式的绿色转向。

7.1.1　生态文明观：文明与人的价值旨归

文明是主体或者人的文明，人又通过一定的生活方式表现自身的本质力量。换言之，一定的生活方式是承载主体观念意识的现实载体，因此人的自由而全面的发展的目标凸显了生态文明观与生活方式绿色转型的本质关联：

其一，就"文明"的一般概念而言，文明在本质上体现了人的实践活动的价值。由于"生态文明"属于文明这一概念的子概念，可将生态文明简单定义为由人的实践活动实现的自然规律与社会发展规律相统一的文明形态。马克思和恩格斯在写作中使用"文明"一词达 2600 多次，并认为"文明是实践的事情"。文明作为人的本质力量通过实践活动而实现外化的结果，其发展首先受到自然规律的制约，因此生态文明的社会必定以优美的生态环境、生产环境和生活环境作为自身可持续存在的基础,此种社会的本质应当将关怀指向人本身,并真正为了人和依靠人。事实上,当人类的历史社会从自然界中"脱落"以后,自然界的规律不再像控制其他动物一样控制人,其仍持存但不再成为一种决定性的力量;于是人便利用自己的主观能动性开创了社会,进而实现社会发展的合目的性和合规律性的统一。由于生态文明时代之前的社会更强调合目的性,社会在实际运行中逐渐背离了人的本质,这种背离在深层次上体现为现代性的"自反性"特征。就此而言,实现生态文明与超越现代性之间具有同一性的特征,虽然超越现代性并不一定带来生态文明,但是局限于现代性范式则肯定不会带来生态文明。正是在这个意义上,我们说当社会主义生态文明观在全社会范围内树立之时,这一特征体现了人类生态文明新形态的实现。[1]

其二,就"生态文明"出现的特殊背景而言,要从问题意识和价值关怀的双层维度进行理解。在问题意识上,"生态文明"对于人和自然关系进行了自觉反思,其出现的原因在于现实中的生态问题日趋严重,当人类的物质文明在现代性发育中取得巨大进步时,对于自然的掠夺遮蔽了人的生存家园,以至于一度使人丧失了基本的生存条件。甚至在某种意义上可以说,在人类的主体性意识随着社会历史发展而得到巨大彰显的同时,人类面临的生存境况却退回到一个不如原始社会的状况。在价值关怀上,可以将"生态文明"社会形态理解为一种经由现代社会发育之后的更高阶位的人类新文明类型。这里需要区分其与原始社会中"生

---

[1] 程明月、杜仕菊:《生态文明新形态的时代生成、基本内涵及世界意义》,《青海社会科学》2022 年第 2 期。

态文明"的异质之处，原始社会中的"生态文明"是人类处于集体无意识之下对自身与自然的关系状况的反映，而生态文明新形态是人类在经历生态危机之后对自身生命价值的自觉遵循，是一种恩格斯所说的形成于"必然王国"向"自由王国"发展的过程之中的文明新类型。

其三，就"生态文明观"需要的主体条件而言，涵盖了主体处理自身与自然、自身与他人关系的认识和观念。人民大众作为"无产阶级"概念在现实语境下的当代转化，实则延续或丰富了马克思自然观的唯物主义立场、方法和基本观点，这两个概念在本质上与实现人类解放具有天然的同构性。马克思对处于资本主义条件下工人阶级的生产和生存环境的关切，实则体现了哲学具有的人本主义的价值关怀，这种关怀只有以政治经济学批判作为科学的方法才能在实际中得到贯彻。古典经济学家因为没做到这一点，不仅不承认现实中人与自然关系的异化是由不合理的资本主义生产方式和制度造成的，而且会将资本主义制度供奉为神明般的存在。在此意义上，生态文明观绝不仅仅意味着重视人与自然的关系，其深刻性还在于关联特定社会形态的上层建筑，如法律、制度或社会意识形式等。只有人与自然之间合理的"物质变换"，以及人与人在享有生态环境上的"公平正义"被制度加以确立和保障，才能使社会主义制度在根本上促进主体意识的现代化（生态文明观）的实现，从而进入一种新的文明阶段。

其四，就社会主义生态文明观与生活方式绿色转型之间的一致性来看，两者实际是主体生态意识培育的两种展开形式。培育社会主义生态文明观侧重于从社会客观环境因素如领导力量、绿色生产、制度保障和文化涵养等层面引领主体生态意识的养成，

或者更强调生态意识养成需要的外在力量；实现生活方式的绿色
转型侧重于作为主体的人民群众的"生态意识"的觉醒，及由这
种觉醒外化的生活方式这一行为习惯的养成，更强调主体的内生
力量。我们当然可以从一般意义上肯定生态文明是符合社会演
进规律的客观性存在，也能肯定这一客观性的存在要求主体的
生活方式实现绿色转型，然而只有实现人的生态价值观念从"自
发"向"自觉"的转换，才能凸显出社会主义生态文明观的中国
特色、中国价值和中国精神。在此基础上，这张看得见摸得着的
"美丽中国"名片也将持续激励着全体中国公民进一步树立生态
文明观念。

7.1.2　物质主义的生活方式隶属于工业文明

生活方式的状况不仅从属于特定社会形态的文明，其重要意
义是人类进行有意识的自由活动的对象化定在。2020 年 3 月印
发的《关于构建现代环境治理体系的指导意见》明确提出，提高
公民环保素养……引导公民自觉履行环境保护责任，逐步转变落
后的生活风俗习惯，积极开展垃圾分类，践行绿色生活方式，倡
导绿色出行、绿色消费，此种绿色生活方式的养成标示着社会生
态文明程度的提升。就人与自然关系的维度而言，虽然以社会生
产为内容的实践活动提供了人类生活的物质前提，但人类的自我
发展只有在真正的社会生活中才能实现，真正的社会生活是自然
被人化以及人被自然化的双向互构的过程。事实上，只有当生活
本身成为人类表现自身本质的实践时，人与自然的关系才能与动
物与自然的关系区别开来，并获得价值意蕴。生产的需要无疑构
成人类生活的起点，然而"人们绝不是首先'处于这种对外界物
的理论关系中'……而是积极地活动，通过活动来取得一定的外

界物，从而满足自己的需要（因而，它们是从生产开始的）"。[1]
换言之，生活需要而非生产需要才是人之为人的本质，也是人类
社会获得源源不断发展的动力的源泉。

物质主义的生活方式是在特定工业文明发展中形成的，工业
文明之下人类的"主体性逻辑"对自然持占有态度。概括来说，工
业文明时代生态危机的发生原因经历了从客观理性形态的"自然
逻辑"到主观理性形态的"主体性逻辑"的转变。传统社会中低
下的生产力使得人类臣服于人之外的客观力量，以此保全个体的
生命，自然的本源性和始基性的地位主导了社会生活的一切逻辑。
可以说工业文明的到来使人从自然的依附者变为"主宰者"，虽然
客观理性具有呈现早期的人类生存方式、规范人类共同价值秩序
的优势，但是因其无法适应现代社会经济活动的发展要求，而必
然为更高位阶的理性形态所扬弃，即"主体性乃是现代的原则"。
培根提出人是自然的立法者，该论断强调新认识论不再是关于客
观理性秩序的学说，而是突出了人类理性具有的反思功能，由此
本体论的自然上升为认识论的自然，即古代作为"逻格斯"的自然
秩序降格为人类理性试图把握的"质料"，人凭借"我思"哲学开
始了对自然的"宣战"。事实上，主体与客体的相互分离可以追溯
到中世纪"神创论"学说：人与自然的客体地位均由神创设，自那
时起，古希腊时期得以敞开自身本质的自然便一度丧失其具有的
自在性，进而服从于科学理性对自然的"算计"。海德格尔明确表
达了对于包括笛卡尔在内的现代形而上学的担忧：丧失"本己的
存在特性"的自然被深深嵌入"意识的内在性之中"。然而觉醒的
主体意识之所以在遭遇环境问题时又显得乏力，原因在于：虽然

---

[1]《马克思恩格斯全集》第19卷，人民出版社1963年版，第405页。

人摆脱了早先以"人的依赖关系"为特征的共同体的统治，但是却又陷入了对以商品、货币或资本等为代表的"物的依赖"，人的独立性仅仅表现为对无限增长的"物"的自由追求。

哲学层面上主体性逻辑与资本形而下世俗基础的结合，促成了工业文明时代物质主义生活方式的兴起。在哲学本体论角度上通常认为"物质主义"是物质优先于意识的理论，如果将其与人的"生活方式"相联系，就应当从伦理道德层面进行概括，物质主义是与"后物质主义"相对立的价值观。具体言之，由于人们依赖"物"，不仅将追求与获得财富（主要指货币或更高形态的资本）的数量作为自身存在的意义所在，而且将占有客体之物（商品）作为显示自身地位的参照，由此产生了消费主义的生存方式。上述行为的危害在于商品使用周期的缩短污染了自然生态环境，并出现了只关注物质财富的"单面人"。事实上，物质主义生活方式形成的关键原因在于人们的生活需要蜕化为欲望。欲望与需要的界限在马克思的政治经济学理论中得到了区分：一方面，需要与欲望的主体条件不同。需要是能够生产剩余价值的劳动者的"有购买能力的需求"，是劳动者维持自身生命发展的需要，上述基本的物质需要与无节制的欲望是两码事。马克思更多在欲望层面讨论了资本家能够进行物质积累的原因，即极端地克制"享受欲"，不断地放大"增殖欲"。需要注意的是，物质主义生活方式的兴起具有一定的合理性，因为其促进了资本主义经济活动中的商品流转。资本主义将"消费生产着生产"的命题视作自身的生命线，匮乏的需要不仅阻碍了产品现实化的进路，而且也无法为生产提供"主观形式上的对象"，资本不完成再生产，就无法实现"增殖"的意志。总之，以"资本逻辑"为根基的现代社会通过制造"物质主义"生活方式的手段，实现灌输统治阶级意识形态的目的,这种意识形态不仅将个人需要窄化为对商品的无限欲望,而且遮蔽了更高层次的精神需要。

7.1.3　物质主义的生活方式与人的本质异化

人存在于世界和自身之中,因此人的本质也应当在自然、他人和自身中才能彰显,这是美好生活的具体内容。然而在"物质主义生活方式"中主体丧失了本质的力量,并被一种"解放的美好生活"的表象遮蔽了本真内涵。需要澄清的是,本小节主要将讨论聚焦在消费行为上,因为消费行为与消费对象具有可感性的特征。个体以何种方式经验生活是美好生活能否实现的锁匙,而美好生活本质上是个体通过经验生活,进而从自身、社会关系以及自然中获得的自由解放,最为直观的判断依据是消费行为的解放程度。一方面,社会的改革使人的主体性得到伸张,摆脱了前现代那种被束缚的状态,另一方面,后发现代性的"时空压缩"机制使一些历时性问题出现了共时化特征,在传统、现代以及后现代特征交织共存的社会形态中,个人的消费观念和消费行为因具有转型时期的特点而表征为物质主义和后物质主义的混合态势。除此之外,在资本权力塑造的生活空间场域中,人们将消费行为误认为美好生活的标准,并替代了物质生产劳动,因此美好生活被等同为"我买故我在"。可以说消费异化作为资本增殖本性与病态消费观进行的"化合反应",通过打破并重构人的精神世界的方式,在个人层面、社会层面与生态环境层面虚构了"美好生活"的解放之象。

首先,在个体层面上,美好生活体现为消费者的"积极自由",然而占有"庞大的商品堆积物"逐渐使主体的灵魂虚无化。柏林曾将自由划分为"积极自由"与"消极自由":积极自由即

"成为他自己的主人的愿望"，[1]就是某人在自身理性引导下获得的权力；消极自由是"没有人或人的群体干涉我的活动"。[2]伴随着社会主义市场经济体制在中国的确立，个人消费逐步摆脱了计划经济的束缚，开始享受"积极自由"。"积极自由"体现为面对多种类型商品时的"自由"选择，个体依据自身的需要或社会交往的需要，自主决定购买生存类型、享受类型或发展类型的商品，即"消费品的层级也实现了从生存型资料转向发展和享受型资料的变迁"。[3]与此同时，个体通过购买商品的行为反向获得了自我认同的价值，或通过"符号消费"等方式展示自己的社会地位，换言之，他们更看重商品的价值而非使用价值。久而久之，主体多层次的需要被消解为每个生命面临的时代难题。

其次，在社会层面上，物质主义的生存方式使立体的社会关系简化为物与物之间的关联，更甚者，认同符号价值成为维系类生活的纽带。类生活作为个体在生产实践中与他者结成的相互性的关系的本质，其具有的整体性力量推动美好生活的形成，美好生活在应然层面是由伦理道德予以规范的一种共同生活。尽管现代化航程在中国开启的时间较晚，然而在中华民族的历史性实践中具有实现现代化的渴望，这使得提高物质生产能力被视为实现国富民强的必然选择。需要警惕的是，资本内在增殖的逻辑会挤压类生活，进而使类生活表现为货币化；资本为了盈利凭借的"零和法则"，加剧了人与人之间的竞争对立，当前存在的诸多不平衡问题就是生产逻辑侵占类生活的明证。除此之外，社会群体之间的温

---

［1］［英］以赛亚·伯林：《自由论》，胡传胜译，译林出版社2003年版，第200页。

［2］［英］以赛亚·伯林：《自由论》，胡传胜译，译林出版社2003年版，第189页。

［3］　杜仕菊、程明月：《新中国成立70年来消费观念变迁的哲学反思》，《长白学刊》2019年第5期。

情脉脉的关系被共同的"价值符号"所替代。在消费领域内表现为一批消费团体不再将民族、阶级和国家作为自己区别于他人的标志，他们建构认同感基于一种由个性化符号代表的相同的生活方式、价值观和意识形态等，美好生活具有一层工具性的色彩。

最后，在生态环境的层面上，资本逻辑使自然成为商品体系的组成部分，"美好生活"建立在无限制消费生态环境的基础之上。一方面，异化的消费行为不仅会影响个人及其社会关系，而且会将人的生存环境作为质料纳入现代化进程之中。自然并非仅是主体性哲学视域中的认识对象，还是存在论视域中的生命对象。另一方面，现代性发育初期，过度生产与过度消费的行为加剧了人与自然之间关系的紧张对立。市场企业，需要持续供应产品来满足消费者的无限欲望，不惜以过度消耗生态环境为代价：追求利益最大化的目标不仅使自然从资源变为资本，而且导致了资源的枯竭与生态的灾难。消费者实现享乐的世俗价值以生态环境的破坏为代价，例如快销服饰、一次性包装和高脂饮食等引发了一系列生态与健康问题。资本逻辑影响下的消费观念从经济价值与商品属性的角度看待自然，自然呈现为自身的"异化形式"，换言之，当前"风险社会"的到来使人们不得不重新审视经济发展与自然保护之间的平衡关系。

7.2　绿色消费：生活方式绿色转型的目标实现

消费异化的价值危机体现为背离新时代美好生活的本质要义，这加剧了生态危机的严重性，"人—社会—自然"之间无法实现平衡的发展。不合理的消费模式加剧着人与自然、人与社会以及个人身心之间的冲突，这也成为绿色消费生成的历史起点。在处理人、自然、社会三者之间的关系上，绿色消费包含的适度消费原则、共享消费模式以及对于各种形态商品的消费自由彰显着"人的逻辑"[1]，即绿色消费的价值实践与主体的价值性生存具有一致性。这是社会主义生态文明观指导下生活方式绿色转型的目标。

7.2.1　供给侧结构性改革视域下的绿色消费内涵

唯物史观将人类共同的活动方式划分为生产方式与生活方式，进一步可以细化为生产与消费或者供给与需求的问题。无论在理解十八大以来人民的美好生活需要上，还是在理解人们的消费行为实践上，都要结合供给侧结构性改革这一最大的中国国情进行理解。因为"推进供给侧结构性改革，是在全面分析国内经济阶段性特征的基础上调整经济结构、转变经济发展方式的治本良方，是培育增长新动力、形成先发新优势、实现创新引领发展的必然要求。要把推进供给侧结构性改革作为当前和今后一个时期经济发展和经济工作的主线"。[2]在供给侧结构性改革层面上理解需求侧的绿色消费的内容，包含了以下三个方面：

首先，绿色消费以人与自然关系的平等共生作为实践基础，提倡"适度主义"的消费原则。一方面，适度消费反对人类中心主义的哲学立场，批判以牺牲自然换取"美好生活"的做法。近

---

[1]　值得注意的是，这里的人绝非"抽象的人"，而是马克思所说作为历史活动起点的"现实的人"，是在"感性对象性活动"中生成自身本质的人，由于"现实的人"的语境的转变，当代中国"人的逻辑"体现为"以人民为中心"的价值立场。

[2]　中共中央宣传部：《习近平新时代中国特色社会主义思想学习纲要》，学习出版社、人民出版社 2019 年版，第 117 页。

代笛卡尔的"我思"哲学奠定了人与自然之间的对立关系，确立了人类中心主义的实践目的论，此后人类追求财富和技术的经济活动以牺牲自然为代价，由此美好生活表征为人对自然的开拓和占领，此种价值观念也导致了破坏自然的消费行为。另一方面，适度消费秉持人与自然构成生命共同体的哲学立场，摆正了自然在美好生活中的位置。换言之，个人消费行为不应当损害"自在自然"的本体地位。一方面，"自在自然"具有客观的内在特征。马克思的实践唯物主义在关注社会历史发展的同时，承认了外部自然具有的优先地位。个人为了生存和发展进行的一切生产、交换、流通、消费等行为，要以尊重自然为前提条件，自然规律规定了人类物质活动的界限。另一方面，"自在自然"提供了美好生活的物质前提。美好生活是主体通过劳动实践创造出来的，自在自然的具体样态决定了美好生活能否实现。适度消费以我国现实的国情为出发点，在认识自然资源有限性的基础上，强调以最少的资源消耗来满足主体的消费需求。

其次，绿色消费以人与社会的和谐发展为伦理规制，在模式上提倡共享型的消费。公平正义既是新时代中国特色社会主义的题中应有之义，也反映了美好生活的内在属性，然而现实依然存在以"排他性"为特征的占有型消费侵蚀美好生活根基的例证，集中表现为"代内消费不公平"与"代际消费不公平"。而共享消费一方面实现了社会的"有机团结"，维系着美好生活的情感纽带。由于消费作为人自身的纯粹行为的活动，关涉着主体的社会价值，因此一个非公平正义的消费活动会损害共同体的根基。重视"商品符号"的消费行为具有类似于私有财产的排他性特质，因为强势群体对于物的疯狂占有不仅阻碍了弱势群体实现生存权和发展权，也瓦解了社会共同体内部的情感认同的基础。新时代背景下由共享经济催生的新型消费模式成为破解上述困境的可行之道：共享消费是利益主体在获取相当数量酬金或其他形式补偿的目的下，对资源的分配和使用进行调配的消费模式，主要包括租赁、借贷和物—物互换三种形式。共享消费在实践中不仅有助于使用价值的回归，而且能使社会成员在扩大的交往关系中增强凝聚力、共建美好生活。另一方面，共享消费形塑着社会的索引性规范，为美好生活提供道德准则。正确的理念引导和约束着成员的消费活动，这种理念成为社会的潜在价值共识时，就会形成消费行为与美好生活相互促进的局面。"共享"消费理念具有这种功能，即以最小化的成本实现物品利用价值的最大化，从而减少了资源浪费及代内不公平的现象。

最后，绿色消费旨在实现个人身心的协调平衡，提倡全面消费产品。多样化的消费产品不仅体现了人们的"规范性"需要，也构成美好生活的生动载体。消费的序列性特征反映出美好生活具有的阶段性内涵，即消费产品不仅符合需要从低层次向高层次递升的规律，也适应特定历史时期的生产力的发展水平。新中国成立初期（1949—1978 年），经济上，新中国继承的是一个千疮百孔的烂摊子。生产萎缩，民生困苦后来要优先发展重工业，这限制了人民对吃、穿、住、行等生存资料的消费；改革开放开始至党的十八大之前（1979—2011 年），在物质消费得到基本满足的基础上，社会主义市场经济及扩大对外开放促进人民倾向追求精神文化等高价位层面的消费，美好生活是主体满足"元需求"与精神层面的"次生需求"的状态；党的十八大以来（2012 年以后），社会的"整体转型升级"不仅反映出历史的进步，而且大众消费具有"品味"的商品符号的行为映射了社会集体的价值取向，并丰富了美好生活的包容性内涵。

7.2.2 新发展阶段呼吁绿色消费的到来

绿色消费在人与自然、人与社会以及人与自身三个层面上符合生态文明社会的发展要求，因而将成为全人类的必然选择。当前中国的经济社会进入"新发展阶段"，为统筹国际和国内两个大局，必须主动调整经济发展战略，突出绿色消费具有的调配供给的作用。正如"十四五"规划相关建议文件指出的，"增强消费对经济发展的基础性作用，顺应消费升级趋势……以质量品牌为重点，促进消费向绿色、健康、安全发展"。[1]

绿色消费越来越发挥着牵引经济发展的作用。在疫情大流行的背景下，全球经济发展进入衰退期，同时以美国为首的发达资本主义国家持续掀起贸易保护主义、单边主义等，试图打压中国发展。外部环境的改变成为中国调整传统出口导向型的发展战略的契机，调整的关键在于充分发挥中国超大规模的内需市场的优势。纵观历史上各民族国家的经济成长史，超大经济体国家均实现了从"以外促内"向"以内促外"经济发展模式的转变。我国实现从出口导向的发展模式转向内需拉动、创新驱动的"内向型"经济发展模式，顺应了社会历史发展的客观规律。第一，梳理历年文件和政策，发现中国强调国内需求经历了如下发展阶段：在"十一五"和"十二五"规划纲要中，提出"立足扩大国内需求推动发展，把扩大国内需求特别是消费需求作为基本立足点，促使经济增长由主要依靠投资和出口拉动向消费与投资、内需与外需协调拉动转变"。2012 年，党中央在经济工作会议中

---

[1]《中共中央关于制定国民经济和社会发展第十四个五年规划和二〇三五年远景目标的建议》，人民出版社 2020 年版，第 16 页。

提出，以"扩大内需、提高创新能力、促进经济发展方式转变"替代"简单纳入全球分工体系、扩大出口、加快投资"的传统模式。2014 年，我国经济发展进入新常态，面临着"三期叠加"的深层次问题。2015 年，明确提出建立现代化经济体系要以深化供给侧改革为主线。2018 年，在中央经济工作会议上，提出"畅通国民经济循环""促进形成强大国内市场"。2019 年，政府工作报告将"畅通国民经济循环""持续释放内需潜力""促进形成强大国内市场"作为关键词。我国拥有 4 亿多人口的中等收入群体，消费品的零售总额居于世界前两位，该排名说明我国以内需刺激经济发展具有现实可能性和可行性。**第二**，与其他消费不同，绿色消费本质上是一种可持续消费，既能满足人们的需求、促进社会的发展，又将对环境的破坏降到最低，此种消费行为适应了经济社会发展水平和生态环境的承载能力。重新回到经济活动的运行机制来看，在生产—分配—交换—消费的链条中，生产处于前端，消费处于末端，生产决定消费，生产什么、怎样生产决定了消费什么、怎样消费；消费作为生产的最终目的和动力，推动了生产的发展。绿色消费要求实现绿色发展，就是要用需求侧带动供给侧改革，通过提高生产环节的资源要素配置效率，实现降低成本、降低能耗和扩大有效供给。因此，只有从根本上改变消费理念，才能约束消费行为，即通过实现最低限度的索取及废弃物的无害化处理，才能保持生态系统的再生和自我修复能力，为实现经济社会的可持续发展提供保障。

就中华民族伟大复兴的战略全局而言，人的现代化始终是一以贯之的目标，绿色消费正是人意识现代化的具体表征。中华民族的伟大复兴、现代化道路以及社会主义的政治定向提供了分析近代中国发展的三个视角，党的十八大以后，三者共同构成社会主义现代化强国的目标。尽管马克思设想的共产主义的实现以国家消亡为前提条件，但是在实现中华民族伟大复兴的过程中，仍要将国家建设作为重点任务，上述问题看似矛盾，但都旨在实现"人的解放"。换言之，国家的发展为人的强大奠定了基础。2020年中国全面建成小康社会以后，共同富裕的工作重点转移到了解决相对贫困或精神贫困的问题上来。人们需要除了物质产品以外的精神文化产品，进而实现个人、社会、自然三者的协同发展，其中绿色消费作为一种生态可持续的行为方式，是自觉践行社会主义生态文明观的表现。与此同时，绿色消费能够提升社会的整体文明程度，即"文明是现代化国家的显著标志。要把提高社会文明程度作为建设社会主义文化强国的重大任务，坚持重在建设、以立为本，坚持久久为功、持之以恒，努力推动形成适应新时代要求的思想观念、精神面貌、文明风尚、行为规范"。中共中央、国务院印发的《新时代公民道德建设实施纲要》将"积极践行绿色生产生活方式"纳入"推动道德实践养成"，并提出"绿色发展、生态道德是现代文明的重要标志，是美好生活的基础、人民群众的期盼"。[1]倡导、推广绿色消费是加强生态道德建设的题中应有之义。只有认识到自然是生命之母、人与自然是生命共同体，敬畏自然、尊重自然、顺应自然、保护自然，反对资源浪费和过度消费，才能走出一条绿色发展、生态良好的文明发展道路。

7.2.3 绿色消费对于构建新发展格局的现实作用

实现美好生活的核心要义在于满足人民对于美好生活的需

---

[1] 中共中央 国务院印发《新时代公民道德建设实施纲要》，2019年10月27日，http://www.gov.cn/zhengce/2019-10/27/content_5445556.htm。

要，这既是党和国家的奋斗目标，也是社会全面发展的必然逻辑。新中国成立 70 余年来，我国经济取得的历史性成就增强了人民的幸福感、获得感和安全感，与此同时社会的"整体转型升级"[1]对人民的精神生活的丰富程度提出了更高的要求。在这一过程，规范性的消费观念不仅通过调节社会生产的"供给方"来解决"发展不平衡和不充分"的矛盾，也通过调节"需求端"来构建符合人民美好生活需要的精神世界。

首先，绿色消费的升级有助于规避供需失配、错位，以"精准改革"的方式充实人民美好生活的现实内容。"美好生活"的内涵并不局限于个人需要层次的主观方面，满足美好生活的方式具有客观属性，因为"追求幸福的欲望只有极微小的一部分可以靠观念上的权利来满足，绝大部分却要靠物质的手段来实现"。[2]必需品在市场经济中以商品的形式出现，商品的生产和消费是个人实现美好生活的必然途径。随着人均国民收入的提升，建立在"商品供给"与"支付能力"基础上的社会整体消费能力持续提升，但仍然面临着国内商品供给体系质量不高的问题。日本的"马桶盖""代购潮"等现象反映了企业家以及创业者等市场主体应当发挥主导作用，在推动高质量的商品供给、变革发展的动力以及完善现代化服务业水准的同时，实现利益的最优化。[3]质言之，供给侧改革要密切关注国民的消费需求，提高供给的精准性与针对性。具体措施包括通过发展符合消费升级的新产业，实现经济增

---

[1]　韩庆祥：《深入认识新时代中国特色社会主义的发展逻辑》，《科学社会主义》2018 年第 2 期。

[2]　《马克思恩格斯文集》第 4 卷，人民出版社 2009 年版，第 293 页。

[3]　以"利益最优化"和"利益最大化"作为区别社会主义市场精神与资本主义市场精神的本质特征。观点来源于张雄：《从经济哲学视角看市场精神》，《光明日报》2019 年 5 月 13 日。

长动力由投资驱动向创新驱动的转换，以期解决发展"不充分不平衡"的问题。在淘汰产能过剩和"僵尸企业"的同时，各类市场主体通过优质资源的转移与集中来适应市场变化的规律；并进一步借助新技术革命的东风搭建消费者与供给商之间的桥梁，培育反映"中国精神""中国价值"与"中国力量"的品牌和企业。

其次，绿色消费的升级反哺美好生活需要。美好生活需要是个人实现本质力量的明证，消费观念从生存性向发展性的跃迁，提升了个体对美好生活的体验。人与其他动物相异的地方在于，其他动物只能按照种的需要和尺度生产，而人能够运用美的规律进行生产与创造。换言之，个人的消费行为不是一种"应激式"的反映，体现了人不断将自身尺度运用到外在世界的过程，因而是个人主体性不断伸张与实现的过程。此外，精细化的商品具有精神与社会关系的内涵，个体对于物的消费应当摆脱客观必然性的束缚。消费品作为人们实现美好生活的现实化载体，其逻辑预设是承载需要具有的"进步"禀性。习近平总书记强调指出了"美好生活"具有的总体性结构特点，"不仅对物质文化生活提出了更高要求，而且在民主、法治、公平、正义、安全、环境等方面的要求日益增长"。[1]可以说美好生活包含了人与自我、社会和自然之间的动态协调发展。特定历史时期存在着个人某一层面的需要遮蔽其他需要的可能性，如在短缺经济条件下消费观念异化为对货币和资本的需要就是一例。消费观念的升级意味着主体意识到了自由而全面的发展是物质与精神相和谐的状态，而非

---

[1] 习近平：《决胜全面建成小康社会　夺取新时代中国特色社会主义伟大胜利——在中国共产党第十九次全国代表大会上的报告》，人民出版社 2017 年版，第11 页。

行走在物欲的单通道上；意味着主体的"利己需要"转变为"利他精神"的提升，社会的整体性自由才得以实现；更意味着主体在处理自身与自然的关系上，不再以"人类中心论"和"发展中心主义"二元对立的态度利用自然，而是将两者视为生命共同体的成员。在当前"五位一体"总布局要求之下，消费观念的升级通过调节人们不合理的货币与资本需要，使多方位和立体需要成为支配人们行为的动力以达到满足美好生活需要的目的。

7.3　生活方式绿色转型的主体力量

生活方式具有的价值性决定其是作为主体之人而非其他动物才有，生活方式作为从生活的、总的和最广泛意义上讲的一种特有生活模式，它包含那些形成并发展于一个社会中的动态生活的模式，这里的动态实则表征为由特定历史时期所制约的人类生活的百态。若将不同阶段具有差异的生活方式用社会发展的宏观尺度来衡量，可以发现这种差异与社会进步的趋势相符合，因为"现实的人"作为社会历史的主体能够发挥一种积极向上的能动作用。马克思分析了在资本主义制度下无产阶级所处的恶劣生产环境和生活环境，认为无产阶级只有依靠自己，才能成为改变现状的进步力量。资本主义的新变化使得无产阶级意识有所退潮，因此重新"唤醒"作为社会进步力量的无产阶级意识成为西方马克思主义者的共同关注。

7.3.1　生态公民：无产阶级劳动主体的时代语境

培育生态公民是主体通过协调自身特殊性、进而走向更高普遍性阶段的问题。马克思自然观包含的无产阶级解放的目标理想占据着道义制高点，并且实现这一目标的途径因其科学的方法论原则占据着真理制高点。中国共产党人将这两个制高点贯穿于发展中国特色社会主义生态文明观的全过程，其中全心全意为人民服务的宗旨是这两个制高点的集中展现，因而培育具有生态意识的公民并依靠其建设性力量，是以绿色转型为目标的社会主义生态文明观的实践路径。

在马克思语境中，无产阶级是能够阻止生态环境恶化，进而将社会发展推向实现了"两个和解"的共产主义社会的主体力量。但在资本主义生产的实然条件下，无产阶级的劳动主体力量不仅未能得到发挥，而且从事的生产活动和生活活动进一步加重生态环境的负担。造成如此局面的原因何在？这就是马克思批判的"资本主体"力量。这里需要分析马克思在何种意义上将资本视作主体力量的，这是否意味着马克思放弃了"无产阶级"的主体地位？事实上，只要稍加回溯关于"主体"的概念，便可阐明"劳动主体"和"资本主体"的区别。传统哲学史解释"主体"概念遵循以下进路：其一是近代以前的主体概念，与"意识"无关，而仅仅作为一种"过程的承担者"；其二是以近代"自我意识"解释"主体"，在释义上接近于黑格尔强调的具有"能动实践"能力的"绝对精神"。马克思在论述"资本主体"时，用近代主体概念来解释资本作为"过程的承担者"，他否定了资本具有自我意识的能动意义。在他看来，只有无产阶级才真正是具有实践行动意义上的"主体"，资本逻辑的"主体性"并不是一种真正的主体性，是通过颠倒了的"主客关系"对无产阶级的劳动进行"去主体化"实现的。正是在"去主体化"的过程中，资本力量剥夺了无产阶级的生存资料，一方面自然资源在所有权上从"共有产权"转变为"私有产权";另一方面自然资源的使用价值转变为价值。上述所有方式的变革使得一大批劳动者成为"雇佣工人",劳动者除了自身之外一无所有,而资本家不仅占有生产资料,而且占有生产资料中的支配权力关系,由此产生了资本奴役人和自然的"贫困积累"局面。至此我们可以说,无产阶级作为"劳动主体"之所以是扭转生态环境恶化的力量,是因为其内嵌于资本主义的制度框架,只有对资本主义整体的社会结构进行一次"大调整",才能在实践的革命中重新恢复无产阶级的主体地位。

生态公民是具有生态意识的人民群众,其行为活动在社会主义制度前提下能够实现"合自然规律"与"合本质目的"的统一。无产阶级通过共产主义这场现实的革命运动之所以能够团结起来、解放自身的一个重要原因在于,其没有自身的特殊利益,即使有,这种利益和全人类共同利益之间也是协调统一的。正如马克思曾对无产阶级作出的论述一般,无产阶级是一个不属于市民阶级的市民社会阶级,其要求享有"人的权利"。马克思主义执政党秉持的历史使命是全人类的解放,这种使命在社会主义制度的保障下取得成功,始终不能忽视"历史不过是追求着自己目的的人的活动而已"。[1]也就是说,不仅要激活广大人民群众的主体力量,还要培育他们的"生态意识"。值得注意的是,主体力量之所以能够发挥,是因为一定的意识产生于一定的需要之中,因而人的需要才是推动社会历史发展的根本力量。生态意识作为人们随社会生产方式变化而产生的需要,其并不是"非历史性"的存在,其发生要么受到反向作用力的激化,如生态环境的恶化凸显了生态需要问题的紧迫性;要么产生于一种顺应社会趋势发

[1]《马克思恩格斯文集》第 1 卷,人民出版社 2009 年版,第 295 页。

展的自觉力量,如主体基本的生存需要满足之后孕育出的更高级的需要,是"已经得到满足的第一个需要本身、满足需要的活动和已经获得的为满足需要而用的工具又引起的新的需要"[1]。于具备更高层面需要的主体来看,生态环境状况已经不再局限于主体对基本物质生存条件的认知框架之中了,而是被编织进实现美好生活的实践框架中,美好生活需要是一种"品质"的需要,是一种"如何活"的需要。[2]

7.3.2 以生态公民弥补"理性经济人"缺陷

生态公民是文明开化的高素质群体,其形成要到社会经济活动的变迁中寻找。生态意识可以理解为主体对自身行为活动之于环境产生的影响的预判,这种影响反馈到自身,又促进了主体生态意识的积极培育。我们需要坚持马克思在分析生态问题时具有的无产阶级立场,这种立场在今天的中国表现为生态问题与政治问题的关联,换言之,培育人民群众的生态意识具有政治上的价值取向,"生态人"也是政治意义上的"公共人"。区别于"生态人"的一般特征,"公共人"的特殊性表现在人民主体秉持的生态正义观念,即让任何社会主体都能够公平地享有生态资源。虽然一些发达资本主义国家的主体具备较高的生态文明素养,但是这种素养实则将他人的生态权益视作实现自身利益的手段,是一种极具粉饰性的"公共性"。

首先,解决生态问题需要以主体的"生态性"对抗由传统经济活动带来的主体的"经济性"。"经济人"在本质上与资本家存

---

[1]《马克思恩格斯文集》第1卷,人民出版社2009年版,第531页。
[2] 董强:《马克思主义生态观研究》,人民出版社2015年版,第172页。

在一定的相似性，可以将其理解为"人格化的资本"。社会经济活动的主体极度推崇"资本"之物，因此将其作为自身处理与自然关系的基本准绳，而这样一种人类社会发展的第二阶段[1]是社会主义初级阶段面临的重大问题。资本作为一种从属于特定社会形态的生产关系，在时间和空间两个维度上对自然展开全域的殖民：在时间维度上，资本追求"又快又多"的目的不符合自然系统自我循环的稳定性和长期性。资本主义的生产方式加速了污染积聚和自然资源的消耗程度，而自然生态系统的再修复具有长期性的特点，因此"西班牙的种植场主曾在古巴焚烧山坡上的森林，以为木灰作为肥料足够最能赢利的咖啡树利用一个世代之久，至于后来热带的倾盆大雨竟冲毁毫无保护的沃土而只留下赤裸裸的岩石"。[2]在空间维度上，资本主义生产的集聚性与自然资源分布的广泛性之间存在矛盾。一方面，土地私有制使大量农业人口丧失了生产资料，他们不得不大规模地涌入城市，因此农业人口的减少和工业人口的集聚加剧了城乡之间、工农业之间物质循环的不畅；另一方面，资本在空间范围内的无限增殖以"消灭时间"为目的。随着内部生态问题的日趋严重，出于转移生态问题的目的，资本主义国家采取将产业链上的低端产业转移到发展中国家的方式，形成以生态政治霸权为本质的生态帝国主义。这致使发展中国家在以廉价劳动力吸引外资发展自身的同时，也要一并承受生产和消费过程中的生态环境污染。与人的"经济性"不同，"生态性"强调自然对人的生命性存在具有的本源性力量，明白这个道理才能自觉将实现人与自然的和谐作为

---

[1]　指"以物的依赖为基础"的人的独立阶段。

[2]　《马克思恩格斯文集》第 9 卷，人民出版社 2009 年版，第 562 页。

自身的行为准则。具体言之，"人与自然的和谐共处"异质于"人类中心主义"或者"生态中心主义"的立场：人类中心主义过度宣扬人的"主体性"，本源意义上的生命降格为"物"的自然，导致了人的生存需要无法得到保障；生态中心主义又陷入另外一个极端，推崇自在自然使人重新将社会关系的存在降格为物种的存在，以上两种错位的价值立场实际上都属于近代以来主客二分的哲学。"生态人"以马克思自然观为理论底板，在超出主体性哲学之际使自然获得自身的存在意义，不仅强调了整体的人与自然之间的有机关联互动，即"要像保护眼睛一样保护生态环境，像对待生命一样对待生态环境"，[1]也强调了自然本身是一个有机整体，提醒着人们要敬畏与保护自然。

其次，解决生态问题要以主体的"公共性"取代传统经济活动的利己的人性假设。"公共人"相较于"生态人"，更强调阻止他人破坏生态环境的行为，会产生示范和连锁效用；"生态人"向内发力，侧重约束自身的生态行为。更为重要的是，"公共人"具有的理论特质在于实现"利己"与"公共性"二者的统一。就理性利己的人性假设来说，古典政治经济学将人性的自私自利作为前提，不仅规定了市场经济的运行准则，而且为经济学从抽象回到具体，提供了重要的方法论意义。当理性利己之人面对自然资源时，不仅会精确计算自然产生的利润，而且在市场经济的牵引下，会成为"经济至上"或者说信奉"金钱拜物教"的单向度的人，导致了把"自然界视为必然性和物质性的领域，把人类社会及其政治、经济、社会性的利益当做自由的领域，这放纵了对

---

[1] 中共中央宣传部：《习近平新时代中国特色社会主义思想学习纲要》，学习出版社、人民出版社 2019 年版，第 169 页。

自然的掠夺",[1]社会成为"一切人反对一切人的战场",是每位经济人的"理性"需求造成了生态资源的供给匮乏。事实上,黑格尔在《法哲学批判》中已经论述到,存在于市民社会中的主观精神必须被更高阶段的客观精神扬弃,这意味和市民社会之间的冲突和矛盾只能够在国家中得到解决,这一问题实际上可以还原为如何协调人与人之间社会关系,具体回答为:要在个体或共同体、自由主义或社群主义中选择其一。"公共人"实现了"利己"与"利他"特征的统一,实际上能够解决"个人"与"共同体"之争。马克思借助"实践活动"实现了自然发展史和人类发展史的统一,这意味着良好的社会联合形式有助于尊重自然。作为未来人类之间联合形式的"真正共同体"包含着"公共性"意涵:"在真正的共同体的条件下,各个人在自己的联合中并通过这种联合获得自己的自由。"[2]质言之,如果将每个人追求自身的自由解放理解为"利己"的需要,那么这种需要必须借助于"真正共同体"来实现,不仅是因为人具有社会关系的本质,更为重要的是实现自己的目的必然要以他人为"中介"。也就是说,每个人应当明白自身是"社会人",这决定了每个人满足自身的生态需要时不能损害他人的生态利益。

7.3.3　培育作为劳动主体的生态公民的路径

培育生态公民并非易事,是一项需要系统合作才能完成的工作。从生态公民的形成来看,其要以发展生产力为根本;从生态公民的本质内涵来看,其是由社会的经济、政治、文化等结构的

---

[1]　叶秀山、王树人:《西方哲学史》第6卷,凤凰出版社2005年版,第546页。
[2]　《马克思恩格斯文集》第1卷,人民出版社2009年版,第571页。

方方面面塑造的结果;从生态公民的内在价值来看,其是人类自身本质力量的"人格化";从生态公民的实践意义来看,其有助于提升整体的社会文明;从生态公民的未来使命来看,其是建设社会主义现代化强国的动力源泉。尽管这些分析提供了认识生态公民的不同视角,但是仍然需要回到马克思自然观的"劳动实践"基础:该基础不仅科学地指出了人类社会文明进步的方向,更为关键的是提供了"人成为人"的依据。

首先,以"劳动实践观"提升意识素养。一个人形成什么样的观念或者说有什么样的意识,这是由劳动实践的情况决定的,分析生态意识也不能撇开劳动实践本身。一方面,劳动实践是人的本质力量的展开,现实的人与自然、人与人的关系在实践中得以生成,人类的生存、生产和生活不能脱离自然物质基础。同时,在个人和自然之间的物质变换活动中也形成人与人之间的组织形式。"生态公民"首先是生物意义或者自然意义上的人,因而人与自然的关系构成人的社会本质即人与人的关系的前提。当"自在自然"越来越多地成为"人化自然"时,人与人的社会关系对自然的渗透能力日益增强。另一方面,生态意识作为一种社会意识,具有的社会历史性是对不同劳动实践方式的反映。异化的劳动实践方式会产生颠倒了的意识形式,例如,资本主义生产方式作为一种具有特殊形式的物质生产实践活动,塑造了人对自然的不断占有和消耗态度,最终导致了全球生态危机。直到今天,资本主义的发展尚未如马克思恩格斯预测的那样进入衰退期,而且其随着世界市场的不断扩大似乎显示出生机勃勃的力量。但无论资本主义呈现出何种繁荣,这种繁荣都不能掩盖资本作为一种"死劳动"具有的自我否定的本质,尤其是破坏作为人类生存前提的自然环境的程度接近"极限",因而建立在合理物质变换基础上的"生态文明"社会，必然要取代"工业文明"，也要求形成与之相符合的"生态意识"。

其次，以"劳动价值观"营造生态文化氛围。"价值"是人和对象之间的关系，是对客体在多大程度上能够满足主体需要的一种判断，即"价值这个普遍的概念是从人们对待满足他们需要的外界物的关系中产生的"。[1]"劳动价值观"是人在劳动中感受到的幸福感和归属感，能够激励人们对于美好生活的期许。恩格斯曾言"文明是实践的事情"，生态文化氛围只有在实践中才能形成。一方面，培育生态公民，需要创造"崇尚劳动"的社会氛围。党的十九届五中全会强调"推进公民道德建设，实施文明创建工程，拓展新时代文明实践中心建设"[2]，凸显文明实践中心对加强劳动地位思想道德建设具有的重要性。改革开放以来的社会转型曾经造成消费主义的出现，将幸福寄托于对物的占有遮蔽了人们关于劳动幸福的本真体验，因此，要通过劳动实践，如健全志愿服务体系，广泛开展志愿服务关爱行动；弘扬诚信文化，推进诚信建设；提倡艰苦奋斗、勤俭节约，开展以劳动创造幸福为主题的宣传教育等活动，推动文明的社会环境的形成。另一方面，法治环境也是文明社会环境不可或缺的要素，生态文明社会更要讲法律、守规则。可以说法治既是生态文明社会的内容，也是生态文明社会建设的重要保障。

最后，以"劳动发展观"培育行为自觉。树立"劳动发展观"是为了实现人的现代化发展，这也是社会主义生态文明观旨在

---

[1]《马克思恩格斯全集》第 19 卷，人民出版社 1963 年版，第 406 页。

[2]《中共中央关于制定国民经济和社会发展第十四个五年规划和二〇三五年远景目标的建议》，人民出版社 2020 年版，第 26 页。

实现的价值目标。从根本上看，人是社会的主体，文明程度也是通过人来实现提升的，所以，生态公民的行为实质上反映了整个社会的生态文明程度，即主体文明。这就意味着最有效的道德塑造，是个人通过社会化的过程，将社会主流的道德观念予以内化，从而起到规范个人行为的作用。一旦人们的行为超越生态界限，必然要招致一系列的生态环境风险。一方面，商家在资本逻辑的驱使下，将"魔爪"伸向野生动物。这一切源于现代性世俗化了人的"圣经信仰"，这种信仰在现代世界中表现为"货币拜物教"。在此意义上，我们借用马克思在《论犹太人问题》书中的一句论述："在私有财产和金钱的统治下形成的自然观，是对自然界的真正蔑视和实际的贬低。"[1]完善的社会状态是自然界实现了的人道主义和人的实现了的自然主义的统一，今天通向此种状态的途径正是走向共产主义的现实运动本身。另一方面，资本逻辑具有从经济领域到精神领域的脱域特征，造成消费者的消费观念与社会经济事实之间产生"堕距"现象：即经济变迁的速度快于文化价值的变迁，消费主义的兴起便是一例。消费作为满足个人需要的社会行为，具有从物质向精神递进的序列性特征。伴随着社会生产的丰裕和消费能力的提升，越来越多的人将消费作为展示自身社会地位的手段，即更加注重商品的价值属性。

---

[1]《马克思恩格斯文集》第 1 卷，人民出版社 2009 年版，第 52 页。

结　语

以绿色转型为目标的社会主义生态文明观，是人与自然的和谐关系在当前中国语境中的表达，是生态自然观、生态社会观、生态政治观和生态全球观的有机统一。如果说"生态文明观"在普遍维度上包含对人与自然的关系、社会生态可持续发展等问题的观念和看法，那么"中国特色社会主义"在特殊维度上牢牢坚持"以人民为中心"的价值立场，换言之，是从人类解放价值、美好生活目标、主体生命维度等方面思考人与自然的关系。就此而言，生态可持续问题不仅包含科学性和价值性双重内容，而且兼具客观物质与社会关系双重属性，因此，人与自然的关系和人与人的关系相互形塑。人的生物性存在特征上，自然的先在地位影响了人的诞生发展；人的生命性存在特征上，自然会突破客观规律而被把握为"美的规律"。在此过程中，自然的地位从本体论的对象上升为存在论的存在本身。因为在合理的社会制度条件下的人与人之间的社会关系，能够反向规约并有助于实现人与自然、人与人之间的和谐关系。

真正的共产主义作为人与人之间关系的制度化表达和合法性确证，是人与自然的关系展开的前提条件。马克思曾指出，无产阶级作为解放自身的阶级，能够推动共产主义社会中"两个和解"的实现，并同时担负起消除资本主义社会生态危机的重任。确立以绿色转型为目标的社会主义生态文明观需要制度前提的保障、政治力量的领导以及物质基础的夯实，因为一定的生产方式决定了一定的生活方式，并形成与之相符的上层建筑。外在的约束力量要转化为人民的生态意识，只有自觉地进行一场观念的变革并依靠现实物质力量才能培育"生态公民"。生态公民标志着社会整体的文明程度和人类生态意识的自觉，这场以人的现代化为内容的社会运动终将引领我们在中国式现代化道路上开辟新的辉煌。

参考文献

［1］马克思恩格斯文集：第 1—10 卷［M］.北京：人民出版社，2009.

［2］马克思恩格斯全集：第 1 卷［M］.北京：人民出版社，1956.

［3］马克思恩格斯全集：第 3 卷［M］.北京：人民出版社，2002.

［4］马克思恩格斯全集：第 19 卷［M］.北京：人民出版社，1963.

［5］马克思恩格斯全集：第 30 卷［M］.北京：人民出版社，1995.

［6］马克思恩格斯全集：第 31 卷［M］.北京：人民出版社，1998.

［7］马克思恩格斯全集：第 46 卷［M］.北京：人民出版社，1979.

［8］马克思恩格斯全集：第 48 卷［M］.北京：人民出版社，1985.

［9］中共中央文献研究室.毛泽东早期文稿［M］.长沙：湖南出版社，1990.

［10］毛泽东选集：第 1 卷［M］.北京：人民出版社，1991.

［11］毛泽东文集：第 7 卷［M］.北京：人民出版社，1999.

［12］邓小平文选：第 1 卷［M］.北京：人民出版社，1994.

［13］邓小平文选：第 2 卷［M］.北京：人民出版社，1994.

［14］邓小平文选：第 3 卷［M］.北京：人民出版社，1993.

［15］江泽民文选：第 1 卷［M］.北京：人民出版社，2006.

［16］江泽民文选：第 3 卷［M］.北京：人民出版社，2006.

［17］江泽民.论科学技术［M］.北京：中央文献出版社，2001.

［18］习近平.习近平谈治国理政（第 1—4 卷）［M］.北京：外文出版社，2018、2019、2020、2022.

［19］习近平.干在实处走在前列——推进浙江新发展的思考与实践［M］.北京：中共中央党校出版社，2016.

［20］高举中国特色社会主义伟大旗帜　为全面建设社会主义现代化国家而团结奋斗——在中国共产党第二十次全国代表大会上的报告［M］.北京：人

民出版社, 2022.

［21］中共中央文献研究室.习近平关于社会主义生态文明建设论述摘编［M］.北京：中央文献出版社,2017.

［22］习近平.之江新语［M］.杭州：浙江人民出版社,2007.

［23］本书编写组.中共中央关于进一步全面深化改革　推进中国式现代化的决定［M］.北京：人民出版社,2024.

［24］中共中央宣传部.习近平生态文明思想学习纲要［M］.北京：人民出版社、学习出版社,2022.

［25］中共中央关于制定国民经济和社会发展第十四个五年规划和二〇三五年远景目标的建议［M］.北京：人民出版社,2021.

［26］本书编写组.习近平新时代中国特色社会主义思想三十讲［M］.北京：学习出版社,2018.

［27］中共中央宣传部.习近平新时代中国特色社会主义思想学习纲要［M］.北京：学习出版社、人民出版社,2019.

［28］中共中央文献研究室.十七大以来重要文献选编（上）［M］.北京：中央文献出版社,2009.

［29］中共中央文献研究室.改革开放三十年重要文献选编（上）［M］.北京：中央文献出版社,2008.

［30］中共中央文献研究室.十六大以来重要文献选编（上）［M］.北京：中央文献出版社,2005.

［31］国家环保总局、中共中央文献研究室.新时期环境保护重要文献选编［M］.北京：中央文献出版社、中国环境科学出版社,2001.

［32］李娟.绿色发展与国家竞争力［M］.北京：经济科学出版社,2018.

［33］庄子（秋水篇）［M］.北京：商务印书馆,2018.

［34］老子［M］.北京：华夏出版社,2017.

［35］方世南.马克思恩格斯的生态文明思想：基于《马克思恩格斯文集》的研究［M］.北京：人民出版社,2017.

［36］张剑.社会主义与生态文明［M］.北京：社会科学文献出版社,2016.

［37］吴晓明.论中国学术的自我主张［M］.上海：复旦大学出版社,2016.

［38］鲁品越.鲜活的资本论：从深层本质到表层现象［M］.上海：上海世纪出版集团,2015.

［39］李龙强.生态文明建设的理论与实践创新研究［M］.北京：中国社会科学出版社,2015.

［40］董强.马克思主义生态观研究［M］.北京：人民出版社,2015.

［41］张云飞.唯物史观视野中的生态文明［M］.北京：中国人民大学出版

社，2014.

［42］刘国华．中国化马克思主义生态观研究［M］．南京：东南大学出版社，2014.

［43］王宏斌．生态文明与社会主义［M］．北京：中央编译局，2011.

［44］俞吾金．被遮蔽的马克思［M］．北京：人民出版社，2010.

［45］张一兵．马克思历史辩证法的主体向度［M］．武汉：武汉大学出版社，2010.

［46］郇庆治．重建现代文明的根基——生态社会主义研究［M］．北京：北京大学出版社，2010.

［47］李泽厚．美的历程［M］．上海：生活·读书·新知三联书店，2009.

［48］荀子（王制）［M］．北京：中华书局，2007.

［49］徐坚．国际环境与中国的战略机遇期［M］．北京：人民出版社，2004.

［50］张世英．进入澄明之境：哲学的新方向［M］．北京：商务印书馆，1999.

图书在版编目(CIP)数据

绿色转型 : 社会主义生态文明观研究 / 程明月著.
上海 : 上海人民出版社,2025. -- ISBN 978-7-208
-19507-3

Ⅰ. X321.2

中国国家版本馆 CIP 数据核字第 2025ES1770 号

责任编辑　刘华鱼
封面设计　一本好书

绿色转型:社会主义生态文明观研究
程明月　著

出　　版　上海人民出版社
　　　　　(201101　上海市闵行区号景路 159 弄 C 座)
发　　行　上海人民出版社发行中心
印　　刷　启东市人民印刷有限公司
开　　本　890×1240　1/32
印　　张　8.5
插　　页　2
字　　数　183,000
版　　次　2025 年 5 月第 1 版
印　　次　2025 年 5 月第 1 次印刷
ISBN 978 - 7 - 208 - 19507 - 3/D·4497
定　　价　68.00 元